高等职业教育课程改革系列教材

数据通信网络组建与管理项目式教程

主　编　周继彦　陈　岗
副主编　杜玉红　黄　兰
参　编　周　勇　黄　东

机械工业出版社

本书内容包括绪论和8个项目，每个项目由一个具体工程案例引导，并进行案例分析和实施以及技能训练。项目内容涉及数据通信网络的交换技术、路由技术、安全技术和网络故障处理技术等内容。

本书是根据电子信息类相关专业的实际岗位工作，在归纳总结了岗位所需求的知识和技能的基础上，按照项目化教学方式进行内容组织和编写的。

本书可作为高等职业院校通信技术、电子信息工程技术、计算机网络技术等相关专业的教学用书以及通信行业和企业的培训教材，也可以作为计算机网络管理人员和通信技术岗位工作人员的参考用书。

为方便教学，本书有电子课件、理论训练答案、模拟试卷及答案等，凡选用本书作为授课教材的学校，均可来电（010-88379564）或邮件（cmpqu@163.com）咨询，有任何技术问题也可通过以上方式联系。

图书在版编目（CIP）数据

数据通信网络组建与管理项目式教程/周继彦，陈岗主编. —北京：机械工业出版社，2016.10（2025.2 重印）
高等职业教育课程改革系列教材
ISBN 978-7-111-54841-6

Ⅰ.①数… Ⅱ.①周…②陈… Ⅲ.①数据通信-通信网-高等职业教育-教材 Ⅳ.①TN919.2

中国版本图书馆 CIP 数据核字（2016）第 218216 号

机械工业出版社（北京市百万庄大街22号　邮政编码100037）
策划编辑：曲世海　　责任编辑：曲世海　韩　静
责任校对：张玉琴　　封面设计：陈　沛
责任印制：李　昂
北京中科印刷有限公司印刷
2025年2月第1版第9次印刷
184mm×260mm · 11印张 · 258千字
标准书号：ISBN 978-7-111-54841-6
定价：36.00元

电话服务　　　　　　　　　网络服务
客服电话：010-88361066　　机　工　官　网：www.cmpbook.com
　　　　　010-88379833　　机　工　官　博：weibo.com/cmp1952
　　　　　010-68326294　　金　书　网：www.golden-book.com
封底无防伪标均为盗版　　　 机工教育服务网：www.cmpedu.com

前　言

为了培养网络设备安装与调试、网络系统管理与维护的合格工程技术人员，满足现代高等职业教育对学生职业技能培养的要求，我们组织编写了这本书。

本书根据当前高职高专学生和教学环境的现状，结合职业需求，采用"工学结合"的思路，基于工作过程，以"项目实作"的形式贯穿全书，并以目前市场上两种主流品牌（思科系统公司和中兴通讯股份有限公司）的数据设备作为技能训练设备。首先通过绪论介绍计算机网络基础知识，接着项目1~8分别介绍了网络结构设计和规划方法，组网设备，虚拟局域网组建，冗余交换网络组建，静态路由实现网络互联，RIP、OSPF实现网络互联以及园区网的安全问题，并将数据通信网络日常维护的内容和要求、网络故障处理的基本方法，通过从实际工程项目中引入的故障处理案例进行分析，达到培养学生对故障分析处理能力的目的。

本书通过数据通信实际工程项目的具体实施，将知识、能力、素质教育融入其中，着重培养学生的专业能力、方法能力和社会能力。主要特色和创新点如下：

1）内容上打破传统的学科体系结构，并依据职业岗位能力要求，采用项目化教学方式进行组织编写。

2）与企业建立深度合作，项目内容来自实际工程项目。

本书建议总教学学时不少于72学时，教学场地宜采用理实一体化教室，采用项目化教学。

本书由周继彦和陈岗担任主编，杜玉红、黄兰担任副主编，周勇以及黄东参编。其中绪论和项目1~5由周继彦编写，项目6由杜玉红编写，项目7由陈岗编写，项目8由黄兰编写，周勇和黄东对岗位需求的知识和技能进行归纳和总结，周继彦和陈岗对全书进行了统稿和校对。

本书在编写过程中，参考了大量的同类书籍和行业相关资料，并得到了中兴通讯学院和北京华晟经世信息技术有限公司相关工程技术人员的大力支持，卢敦陆对本书提出了一些宝贵意见和修改建议，在此谨表谢意。

由于编者水平有限，不当之处在所难免，恳请广大读者批评指正。

编　者

目 录

前言

绪论　计算机网络基础 ·· 1
  0.1　计算机网络概述 ·· 1
  0.2　OSI 参考模型 ·· 6
  0.3　TCP/IP 体系 ··· 13
  理论训练 ·· 19

项目 1　IP 子网规划 ··· 22
  教学目标 ·· 22
  项目引入：规划网络 IP 地址 ·· 22
  相关知识 ·· 22
    1.1　IP 地址 ··· 22
    1.2　IP 子网划分 ·· 25
  技能训练：在 Cisco Packet Tracer 模拟器中实现 IP 子网的划分 ··············· 29
  理论训练 ·· 31

项目 2　网络设备认识与网络线缆的制作 ··· 34
  教学目标 ·· 34
  项目引入：园区网络互联设备认识 ·· 34
  相关知识 ·· 34
    2.1　常见的网络通信设备 ··· 34
    2.2　常见网络接口与线缆 ··· 44
  技能训练：双绞线的制作 ·· 52
  理论训练 ·· 56

项目 3　以太网交换机基础配置与管理 ·· 57
  教学目标 ·· 57
  项目引入：省时、便捷的网络管理方式 ·· 57
  相关知识 ·· 57
    3.1　以太网基础 ··· 57
    3.2　交换机概述 ··· 62
    3.3　交换机配置基础 ··· 66
  技能训练 1：交换机 Console 端口、Telnet 配置方法——基于 Cisco Packet Tracer 模拟器 ··· 71
  技能训练 2：三层交换机基本操作和日常维护——基于中兴产品设备 ········· 73
  理论训练 ·· 75

项目 4　虚拟局域网的组建 ·· 76
- 教学目标 ··· 76
- 项目引入：组建稳定、高效的局域网 ··· 76
- 相关知识 ··· 76
  - 4.1　VLAN 技术 ·· 76
  - 4.2　VLAN 间通信 ·· 84
- 技能训练 1：跨交换机的 VLAN 配置——基于 Cisco Packet Tracer 模拟器 ······ 89
- 技能训练 2：VLAN 间路由的实现——基于中兴产品设备 ·································· 90
- 理论训练 ··· 92

项目 5　交换网的优化设计 ·· 96
- 教学目标 ··· 96
- 项目引入：冗余交换网络的组建 ··· 96
- 相关知识 ··· 97
  - 5.1　冗余交换网与生成树协议 ·· 97
  - 5.2　链路聚合技术 ·· 104
- 技能训练：交换网络综合设计及配置 ··· 106
- 理论训练 ··· 107

项目 6　IP 路由基础 ·· 110
- 教学目标 ··· 110
- 项目引入：网络之间互联 ··· 110
- 相关知识 ··· 110
  - 6.1　IP 通信的路由过程 ··· 110
  - 6.2　路由及路由表 ·· 114
  - 6.3　路由协议的分类 ·· 116
  - 6.4　静态路由和默认路由配置 ·· 117
- 技能训练：设计并配置跨网段的企业网 ··· 120
- 理论训练 ··· 121

项目 7　动态路由实现网络间互联 ·· 124
- 教学目标 ··· 124
- 项目引入：动态路由网络的组建 ··· 124
- 相关知识 ··· 125
  - 7.1　动态路由协议相关知识 ·· 125
  - 7.2　RIP 的工作原理与应用 ·· 127
  - 7.3　OSPF 协议的工作原理及应用 ··· 136
  - 7.4　RIP 和 OSPF 协议的对比 ··· 149
- 技能训练 1：RIP 动态路由配置 ·· 151
- 技能训练 2：OSPF 协议动态路由配置 ··· 152

理论训练 ··· 153

项目 8　园区网的安全设计 ·· 156
　　教学目标 ··· 156
　　项目引入：如何增强网络的安全性 ·· 156
　　相关知识 ··· 157
　　　8.1　ACL 原理 ··· 157
　　　8.2　ACL 的配置及应用 ·· 160
　　技能训练：园区网安全性设计及配置 ·· 164
　　理论训练 ··· 165

参考文献 ·· 170

绪论 计算机网络基础

0.1 计算机网络概述

随着计算机和网络技术的迅猛发展，计算机网络及应用已渗透到社会各个领域，各行各业都在全面网络化和信息化建设进程中。

0.1.1 计算机网络定义

计算机网络是指利用有线或无线的传输介质，将分布在不同地理位置、独立的计算机互联起来而构成的计算机集合。组建网络的目的是实现资源共享和通信。

目前，最庞大的计算机网络就是因特网（Internet），它利用传输介质和网络互联设备将分布在全球范围内的计算机或计算机网络互联起来，从而形成一个全球性的计算机网络。

0.1.2 计算机网络发展历史

计算机网络的形成与发展经历了从简单到复杂，由单机系统到多机系统的过程，计算机网络的发展大致可划分为 4 个阶段。

第一阶段：单主机联机系统。

早期的计算机由于功能不强，体积庞大，是单机运行的，需要用户到机房上机。为了解决这些不便，人们在计算机距离较远的地方设置远程终端，并在计算机上增加通信控制功能，经线路连接输送数据进行成批处理，这就产生了具有通信功能的单终端联机系统，如图 0-1 所示。

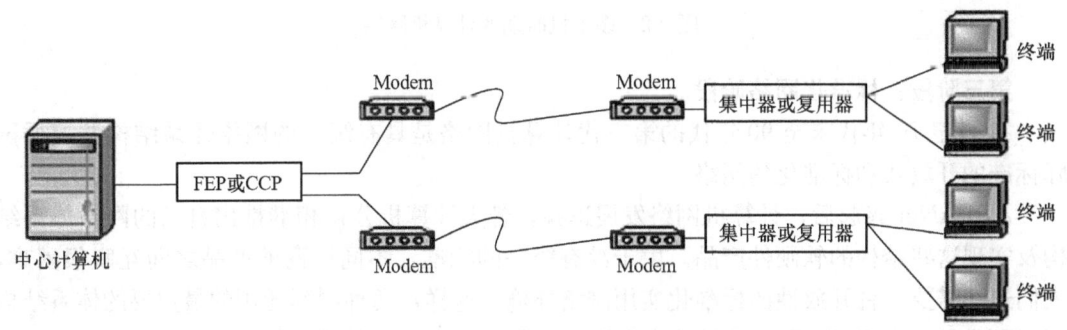

图 0-1 单计算机为中心的远程联机系统

20 世纪 60 年代初，美国航空公司与 IBM 共同研究并建成了由一台计算机和全美范围内 2000 多个终端组成的飞机订票系统。终端是一台计算机的外部设备，包括显示器和键盘，无 CPU 和内存。

随着远程终端的增多,人们在主机前增加了前端机(FEP),采用实时、分时与分批处理的方式,提高了线路的利用率。

严格意义上讲,第一阶段面向终端与主机相连的形式不能算作计算机网络,但这样的通信系统已具备了网络的雏形。

第二阶段:多主机互联网络。

20 世纪 60 年代中期至 70 年代,第二代计算机网络是以多个主机通过通信线路互联起来为用户提供服务的,典型代表是美国国防部高级研究计划局协助开发的 ARPANet。

主机之间不是直接用线路相连,而是由接口报文处理机(IMP)转接后互联的,如图 0-2 所示。IMP 和它们之间互联的通信线路一起负责主机间的通信任务,构成了通信子网。通信子网互联的主机负责运行程序,提供资源共享,组成了资源子网。

这个时期,网络概念为"以能够相互共享资源为目的互联起来的具有独立功能的计算机之集合体",形成了计算机网络的基本概念。

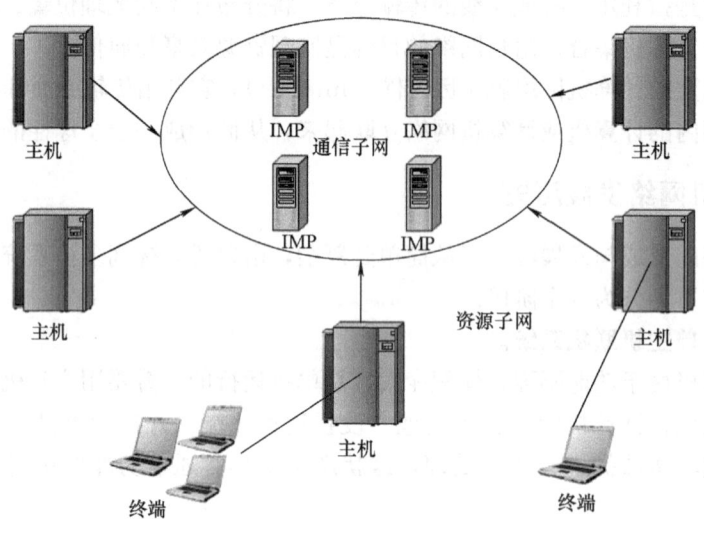

图 0-2 多主机时期的计算机网络

第三阶段:标准化网络阶段。

20 世纪 70 年代末至 90 年代的第三代计算机网络是具有统一的网络体系结构并遵循国际标准的开放式和标准化的网络。

ARPANet 兴起后,计算机网络发展迅猛,各大计算机公司相继推出自己的网络体系结构及实现这些结构的软硬件产品。由于没有统一的标准,不同厂商的产品之间互联很困难,人们迫切需要一种开放性的标准化实用网络环境,这样,两种国际通用的最重要的体系结构应运而生了,即 TCP/IP 体系结构和国际标准化组织的 OSI 体系结构。

第四阶段:Internet 互联时代。

20 世纪 90 年代末至今的第四代计算机网络,由于局域网技术发展成熟,出现了光纤及高速网络技术、多媒体网络、智能网络等,整个网络就像一个对用户透明的大的计算机系统，发展为以 Internet 为代表的互联网。

0.1.3 计算机网络的分类

可以从不同的角度对计算机网络进行分类。

1) 根据网络覆盖地理范围的大小，计算机网络可以分为局域网、城域网和广域网。

① 局域网（Local Area Network，LAN）。局域网是指网络覆盖范围在几百米至几千米的网络，网络覆盖的地理范围较小，如校园网、企事业单位内部网等，如图 0-3 所示。局域网的特点是距离短、延迟小、数据速率高和传输可靠。

目前，我国常见的局域网类型包括以太网（Ethernet）、异步传输模式（Asynchronous Transfer Mode，ATM）网络等，它们在拓扑结构、传输介质、传输速率、数据格式等方面都有许多不同。其中，应用最广泛的当属以太网，它是目前发展最迅速、最经济的局域网技术。

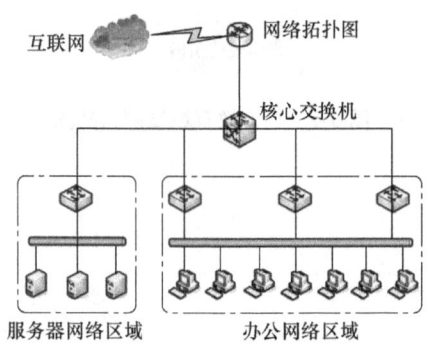

图 0-3　某企业局域网拓扑图

② 城域网（Metropolitan Area Network，MAN）。城域网是指网络覆盖范围在几千米至几十千米的网络，其作用范围为一个城市。城域网主要指大中型企业集团、ISP、电信部门、有线电视台和政府构建的专用网络和共用网络，图 0-4 给出了某市教育城域网拓扑图。

城域网的基本特征是业务类型多样化。它不仅是传统广域网与局域网的桥接区或传统长途网与接入网的桥接区，也是底层传送网、接入网与上层各种业务网的融合区，还是传统电信网与数据网的交叉融合地带以及三网融合区。

③ 广域网（Wide Area Network，WAN）。广域网连接地理范围大，它将不同城市、省区甚至国家之间的 LAN、MAN 利用远程数据通信网连接起来。因特网就是典型的广域网，虚拟专用网络（Virtual Private Network，VPN）也可以算是广域网，如图 0-5 所示。

广域网通信采用的技术与局域网有较大差别：

广域网采用载波形式的频带传输或光传输实现远距离通信，而局域网通常采用基带传输方式；广域网通常是由被称为网络提供商的公共通信部门来建设和管理，他们利用各自的广域网资源向用户提供收费的广域网数据传输服务；在网络拓扑结构上，广域网主要采用网状拓扑结构，以提高链路的容错性。

2) 根据网络交换功能的不同，计算机网络可分为电路交换网、报文交换网、分组交换

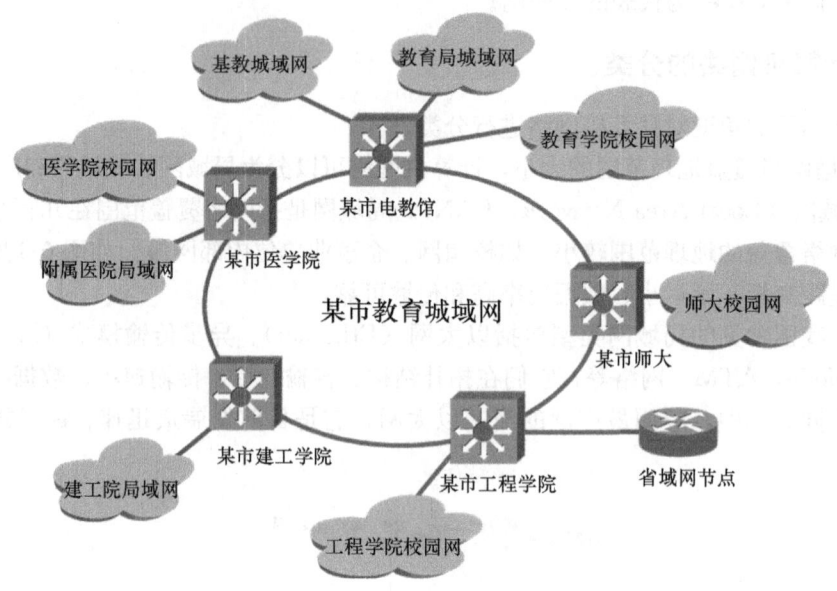

图 0-4　某市教育城域网拓扑图

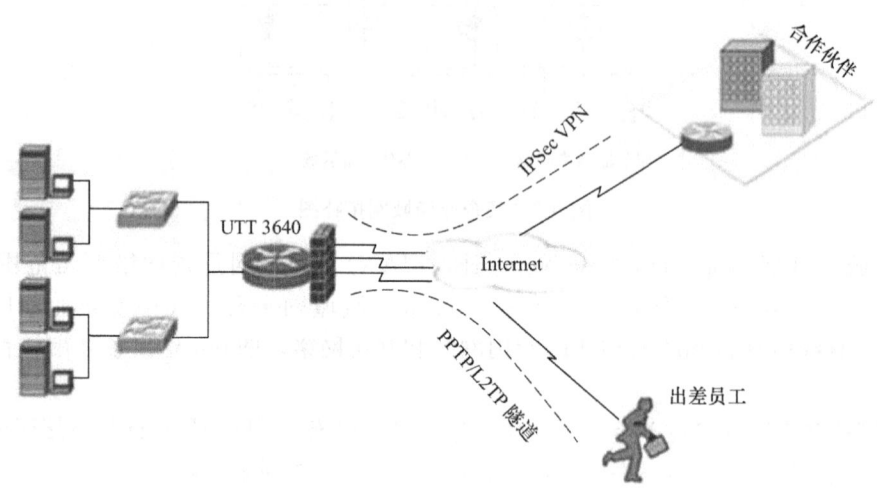

图 0-5　某企业虚拟专用网络拓扑图

网。目前计算机网络主要采用分组交换技术，电话网络采用电路交换技术。

3）根据网络的使用者，计算机网络可划分为公用网络和专用网络。

4）根据网络的传输技术分类，计算机网络可划分为广播式网络和点到点网络。

0.1.4　计算机网络的拓扑结构

为了使抽象的计算机网络直观化，通常利用计算机网络拓扑结构来描述物理网络设备与线路的物理连接关系。在具体描述中，将网络中的工作站、服务器、网络设备等网络单元用"点"表示，网络中的传输介质用"线"表示。

在计算机网络中，常见的网络拓扑结构主要有总线型、星形、环形、树形和分布式结构，如图 0-6 所示。在实际组网应用中，可能采取多种结构混合使用。

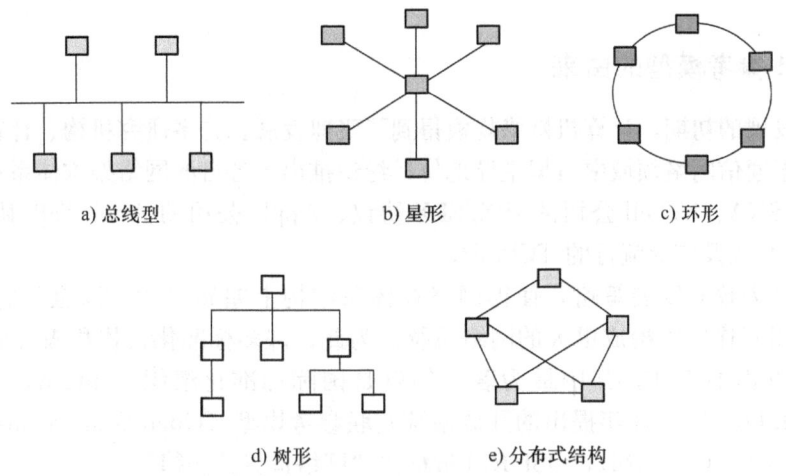

图 0-6　常见的网络拓扑结构

1）总线型结构：网络中的所有设备都连接到一个线形的网络介质上，这个线形的网络介质称为总线。总线型结构网络可靠性差、速率慢（10Mbit/s），目前已经很少使用。

主要优点：结构简单。

主要缺点：故障诊断和隔离较困难，可靠性差，传输距离有限，共享带宽，速度慢。

2）星形结构：网络中各节点以星形方式连接到中心交换节点，从而实现各节点间的相互通信，该拓扑结构主要采用交换机作为中心交换节点。星形结构是目前局域网的主要组网方式。

主要优点：控制简单，故障诊断和隔离容易，易于扩展，可靠性好。

主要缺点：中心交换节点负荷较重。

3）环形结构：所有设备通过传输介质连接成一个闭合环，数据在环上单向流动，网络中用令牌控制来协调各节点的发送，任意两节点都可通信，主要用于工业控制网中。

主要优点：易于安装和监控。

主要缺点：可靠性差，一个节点的故障会引起全网故障；难以扩容。

4）树形结构：树形结构很像一棵倒置的树，顶端是树根，树根以下带分支，每个分支还可以再进行分支。树形网络是一种分层网络，适用于分级控制系统。

主要优点：易于扩展。

主要缺点：各节点对根的依赖性太大。

5）分布式结构：任一节点均至少与两条线路相连，当任意一条线路发生故障时，通信可通过其他链路完成。网状形网络又称分布式网络，在局域网中，使用网状结构较少，主要用于骨干网中。较有代表性的网状形网络就是全连通网络。

主要优点：具有较高可靠性。

主要缺点：网络控制机构复杂，线路增多使成本增加。

0.2 OSI 参考模型

0.2.1 OSI 参考模型的由来

在网络发展的初期，计算机网络规模得到了飞速发展。许多研究机构、计算机厂商和公司为了在数据通信网络领域中占据主导地位，纷纷推出了各自的网络架构体系和标准，例如 IBM 公司的 SNA、Novell 公司的 IPX/SPX 协议、Apple 公司的 AppleTalk 协议、DEC 公司的 DECNTE 以及广泛流行的 TCP/IP。

这种各自为政的发展策略，使得网络在体系结构上差异很大，以至于它们之间互不相容，难于相互连接以构成更大的网络系统。为此，许多标准化机构积极开展了网络体系结构标准化方面的工作，其中最为著名的就是国际标准化组织（International Standard Organized，ISO）于 1984 年提出的开放系统互联参考模型（Open System Interconnection/Reference Model，OSI/RM），OSI/RM 被称作"网络世界的法律"。

注意：OSI 模型并不是协议，它是为了了解和设计灵活的、稳健的、可互操作的网络体系结构而提炼的一种模型。

0.2.2 OSI 参考模型的层次结构

在设计 OSI 参考模型时，采用了分层体系结构。对于计算机网络的学习者而言，"层"是一个看不见、摸不着、比较抽象的概念。

（1）物流系统分层实例

为了便于理解，先以物流系统的工作过程为例进行说明。为了保证包裹高效、快捷地运输投递，物流系统一般会有 5 个层次，其分层模型如图 0-7 所示。每一层都有相对独立的功能：

1) 用户层，提供或接收包裹内物品。
2) 前台层，负责协助用户填写包裹地址、进行物品打包的工作。
3) 分拣中心层，负责把收件员收集的包裹进行分类整理，交付给运输部门。
4) 运输部门层，负责交通工具调度，把包裹安全、高效地送达目的地。
5) 运输工具层，负责运输，运输过程可能采用不同的运输工具，如陆运、水运或航运。

网络采用层次化结构的优点如下：

1) 各层之间相互独立。高层不必关心低层的实现细节，只要知道低层所提供的服务以及本层向上层所提供的服务即可，能真正做到各司其职。由于每一层只实现一种相对独立的功能，因而可将一个复杂的问题分解为若干个较容易处理的小问题。

2) 系统的灵活性好。若某个层次出现细节的变化，只要保持它和上、下层的接口不变，就不会对其他层产生影响。

3) 易于实现标准化。每层的功能及其所提供的服务都有了明确的说明，就像一个被标准化的部件，只要符合要求就可以拿来使用。

（2）OSI 参考模型的 7 个层次

如图 0-8 所示，OSI 参考模型将计算机网络划分为 7 个层次，自下而上分别称为：物理

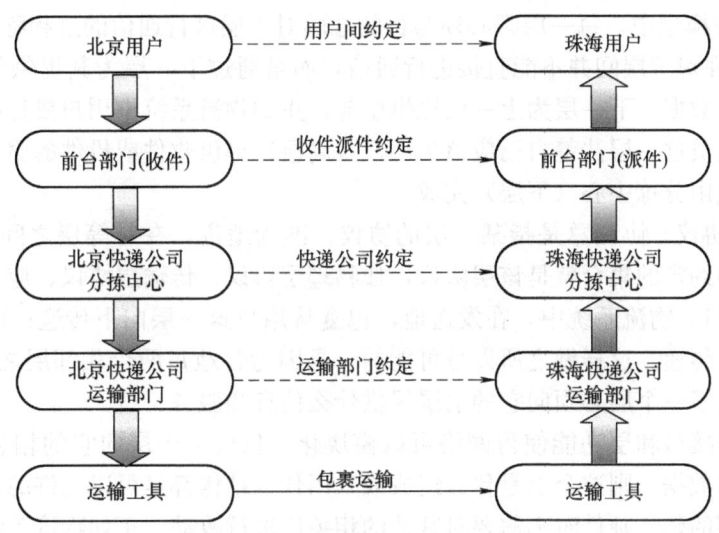

图 0-7 物流系统中的分层模型

层、数据链路层、网络层、传输层、会话层、表示层和应用层。用数字排序自下而上分别为第一层、第二层、……、第七层。

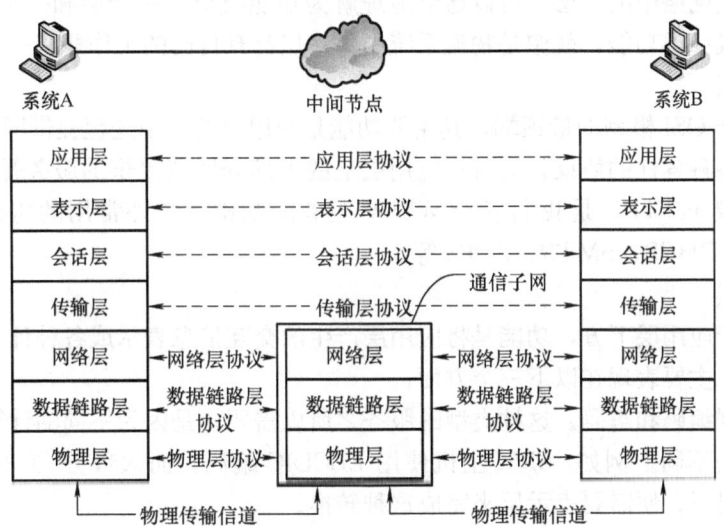

图 0-8 OSI 参考模型

第一层到第三层属于 OSI 参考模型的低三层，负责创建网络通信的链路；第四层到第七层为 OSI 参考模型的高四层，负责端到端的数据通信。

（3）OSI 参考模型中的几个概念

1）对等进程。在物流系统中，两个用户、两地快递公司、两个运输部门处于两地，但他们的机构分别对应，称为对等层。两个用户都清楚包裹里的物品是什么，并认为是某用户邮寄了某物品给另一用户，这就叫对等进程，但并不认为是某用户邮寄了某物品给投递员，因为这不合理，或者说不对等。

在 OSI 参考模型中，每一层都必须与目的端的对等层进行通信的过程称为对等进程。

2）服务。在对等层间并不能直接进行通信，而是通过下一层为其提供的服务来间接与对端对等层交换数据。下一层为上一层提供服务，正如物流系统中用户要把邮寄的物品交给投递员，前台人员这一层清楚自己应该为用户（高层）提供收件或投件的服务，也清楚包裹分拣的工作应该由分拣中心（下层）完成。

3）对等层协议。协议总是指某一层的协议。准确地说，在对等层之间的实体通信时，有关通信规则和约定的集合就是该层协议，如物理层协议、传输层协议、应用层协议。

4）层间接口。物流系统中，在发送地，包裹从用户这一层向下传递；而在接收地，包裹通过各层向上传递。这样做之所以是可能的，是因为各地每两个相邻层之间有一个接口，每一个接口定义了一个层必须向它的上层提供什么信息和服务。

定义清楚的接口和层功能使得网络可以模块化，只要一个层向它的相邻层提供了预期的、规定类型的数据，则这个层是什么组成或采用什么结构都是可以允许的，换句话说，升级或替换一个层的软、硬件时不需要对其他的相关层进行改动。正如物流系统中，可以把物流营业厅前台看成接口，前台的收件员是否更换对于你来说都不需要关注。

0.2.3　OSI 参考模型各层功能

对于计算机网络中的"层"可以通俗地理解为功能模块。一个层和一个功能模块一样，可以完成一个或一类功能，就像是物流系统中每一层都有自己的工作职责一样。

（1）应用层

应用层位于 OSI 模型的最顶端，其主要功能是为用户的应用进程提供网络服务。

该层包含各种各样的协议，运行在应用层上的大部分协议提供的服务是直接面对客户，如最常用的协议 HTTP，是我们享受 WWW 服务的基础。此外常用的协议还包括 FTP、Telnet、DNS、DHCP、SMTP、POP3 等。

（2）表示层

表示层位于应用层下方，功能是将应用层产生的交互信息表示成各种计算机终端都熟悉并认可的格式，主要表现在以下三个方面：

第一，数据编码和解码。这种类型的服务之所以需要，是因为不同的计算机体系结构使用的数据表示法不同。例如，IBM 主机使用 EBCDIC 编码，而大部分 PC 使用的是 ASCII 码。在这种情况下，便需要表示层来完成这种转换。

第二，数据加密和解密。为了安全起见，要对数据在发送前进行加密处理，在数据到达目的端后，网络另一端节点的表示层将对接收到的数据进行解密，变成用户能识别的信息。

第三，数据压缩和解压缩。数据压缩就是对信息中所包含的位数进行压缩。在传输多媒体信息（如文本、声音和视频）时，数据压缩就特别重要。

（3）会话层

会话层位于表示层下方，功能是在不同用户、节点之间建立和维护通信通道（会话），主要表现在以下两个方面：

第一，建立会话。在会话建立阶段确定传输模式（单工、半双工和全双工）。

第二，维护会话。决定通信是否被中断，以及中断时从何处重新传送。

例如从互联网中下载文件，就与我们想要下载的文件所在服务器（提供下载的网站）建立了联系，也就是说建立了一个会话，这个下载的通道是由会话层来控制的。如果下载的过程中网络由于某种原因断掉了，等网络恢复正常后，仍然可以通过会话层这个控制执行断点续传。

（4）传输层

传输层处于七层模型中的第四层，作为承上启下的一层，是 OSI 模型中相当重要的一层，其功能是提供报文端到端（源端和目的端）准确、可靠的传输。如何保证可靠传输呢？主要表现在以下五个方面：

第一，分配端口号。计算机往往在同一时间运行多个进程，如果不区分不同进程间的数据，则会产生通信错误。因此，必须明确指明数据是由某台计算机上的特定进程传输到另一台计算机上的特定进程。传输层通过给每个进程分配一个端口号来解决这个问题，即在传输层的首部必须包含某一特定的地址，称为端口地址。

第二，分段和重组。若从会话层传递下来的报文过大，需将一个报文根据网络的处理能力划分成若干个可传输的报文段，在目的端传输层再将报文重组起来。为了保证重组时正确排序，每个报文段应包含序号。

第三，连接控制。传输层可以是面向连接的，也可以是面向无连接的。

面向连接的传输层在发送分组之前，先要与目的主机的传输层建立一条连接，当数据传送完毕后，再通过一定的机制断开连接。这与生活中打电话的行为有相似之处，你给别人打电话，必须等线路接通了才能相互通话，通话完毕要挂机结束通话。

面向无连接就是在传输前不必与目的主机建立连接，不管对方状态如何就直接发送，这与手机短信的发送方式非常相似。

第四，流量控制。如果发送端和接收端之间速度存在很大差异，在数据的传送与接收过程当中很可能出现数据丢失现象（如同一个人喝水，若饮水速度过快则容易引起溢出或呛咳），故有必要采取相应流量控制措施，保证可靠传输。

注意：在 OSI 模型的其他层也会存在流量控制，传输层的流量控制是在端到端的意义上实现的，其意义在于保证发送端的发送速率是接收端可接受的。这一点其实不难理解，从物流系统中也可以找到共性，物流系统的快递公司分拣中心这一层可以对包裹进行流量控制，而运输部门也可以对交通工具进行流量控制。

第五，差错控制。发送端的传输层必须保证整个报文到达对端传输层时是没有差错的（即无损伤、无丢失、无重复），如果发现差错通常通过重传来实现纠错。这里的传输层差错控制也是在端到端意义上的，一旦有差错由收发两端互相协商，与中间节点不进行协商。

（5）网络层

网络层是 OSI 参考模型中的第三层，介于传输层和数据链路层之间，主要是解决网络与网络之间的通信问题。

网络层的功能属于通信子网，如图 0-9 所示，即源主机和目的主机位于不同网络，分组可能要经过若干个中间节点才到达目的地，这需要网络层通过逻辑地址编址和路由选择等具体功能来实现源端到目的端的传输。网络层的主要具体功能如下：

第一，逻辑地址编址功能。逻辑地址就是通常所说的 IP 地址，如果分组要穿过网络的

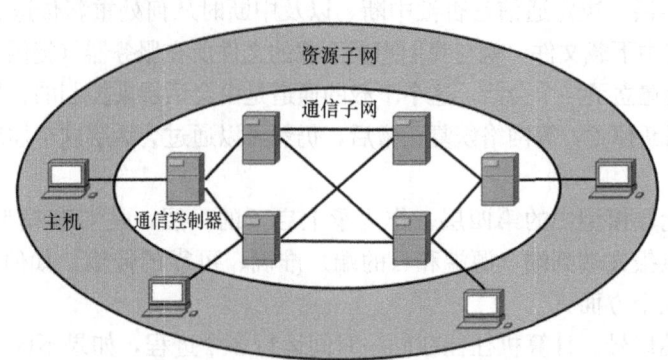

图 0-9　网络层在通信子网中的功能

边界到达目的端，就需要携带 IP 地址帮助我们寻找路径。网络层对上层传递下来的数据段添加首部，其中包括发送端的 IP 地址和目的端的 IP 地址。

第二，路由选择功能。通信子网源节点和目的节点提供了多条传输路径的可能性。网络节点在收到一个分组后，要确定向下一个节点传送的路径，这就是路由选择。提供路由选择的机制也是网络层功能之一。

网络层功能也可以类比于物流系统中某一层功能，在远距离运输时，货物之所以能够顺利中转到达目的地，是因为中转站的分拣中心这一层按照货物地址来正确分流货物。

（6）数据链路层

数据链路层是 OSI 参考模型中的第二层，主要功能是为网络层提供一条无差错的数据传输链路。在发送数据时，网络层传递来的数据包被封装成数据帧；在接收数据时，数据链路层将物理层传递来的二进制比特流还原为数据帧。

帧是一种用来移动数据的结构包，帧的构成类似于火车的结构，一些车厢负责运送旅客和行李（相当于数据），车头和车尾保证了列车的完整性（帧结构的完整），还有一些车厢完成其他工作（帧信息的校验、帧控制、标识目的地址和源地址等）。对于数据帧是使用物理地址（Media Access Control，MAC）进行寻址。

（7）物理层

物理层位于 OSI 参考模型的最底层，主要负责在通信信道上传送比特流。例如，若发送方发送的是比特 1，物理层要保证接收方收到的也必须是比特 1。

该层建立在物理介质上，定义了各种机械和电气的接口，主要包括电缆、端口和附属设备，如双绞线、RJ-45 接口、串口等。

0.2.4　OSI 参考模型各层间的联系

由于 OSI 参考模型中层的概念比较虚幻，作为网络学习者来说，理解每一层功能的同时，还需关注两件事：一是 OSI 参考模型各层中网络数据流的格式，二是通信过程中的网络数据流向。这样会帮助我们高效、科学地理解 OSI 参考模型。

（1）数据封装和解封装机制

在物流系统中，在每一层邮寄的物品都被包装成不同的形式。以用户邮寄几本书籍为例，在用户层形式为书籍，在前台部门层书籍被打包成包裹，在分拣中心层包裹被装入集装箱，在运输部门层集装箱被装入货运轮船，如图 0-10 所示。

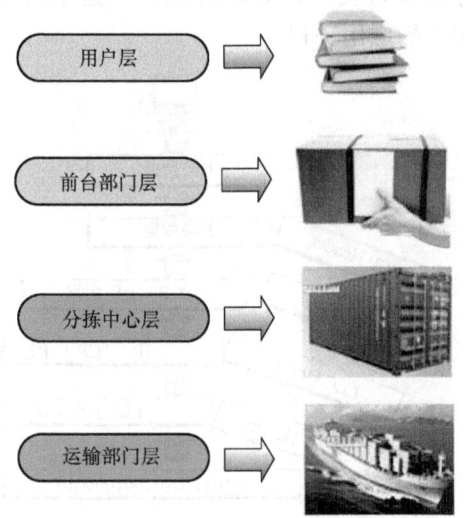

图 0-10　物流系统中各层物品包装示意图

在 OSI 参考模型中，存在与物流系统物品包装类似的数据封装和解封装。

1）数据的封装。在 OSI 参考模型中，每个层次接收到上层传递过来的数据后都要将本层次的控制信息加入数据段元的头部，一些层次还要将校验和等信息附加到数据单元的尾部，这个过程称为封装。每层封装后的数据单元的叫法不同，在应用层、表示层、会话层的协议数据单元统称为 Data（数据），在传输层协议数据单元称为 Segment（数据段），在网络层称为 Packet（数据包），在数据链路层称为 Frame（数据帧），在物理层称为 Bits（比特流），如图 0-11 所示。

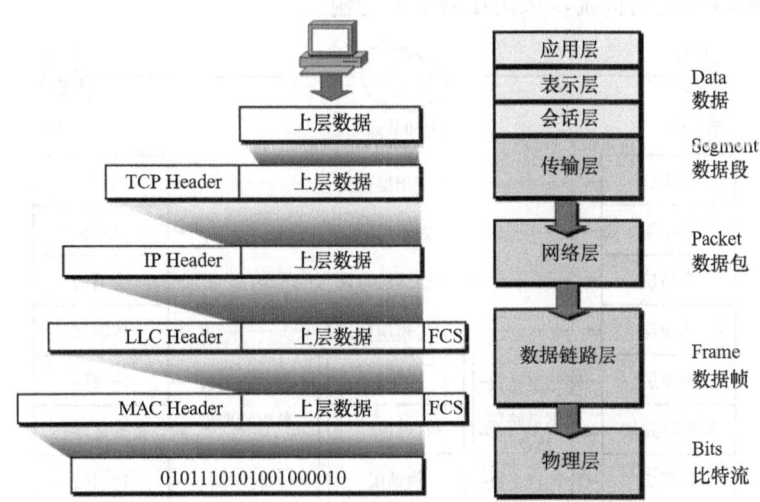

图 0-11　OSI 各层封装示意图

2) 数据的解封装。当数据到达接收端时,每一层读取相应的控制信息,并根据控制信息中的内容向上层传递数据单元,在向上层传递之前去掉本层的控制头部信息和尾部信息(如果有的话),这个过程称为解封装,如图 0-12 所示。这个过程逐层执行直至将对端应用层产生的数据发送给本端相应的应用进程。

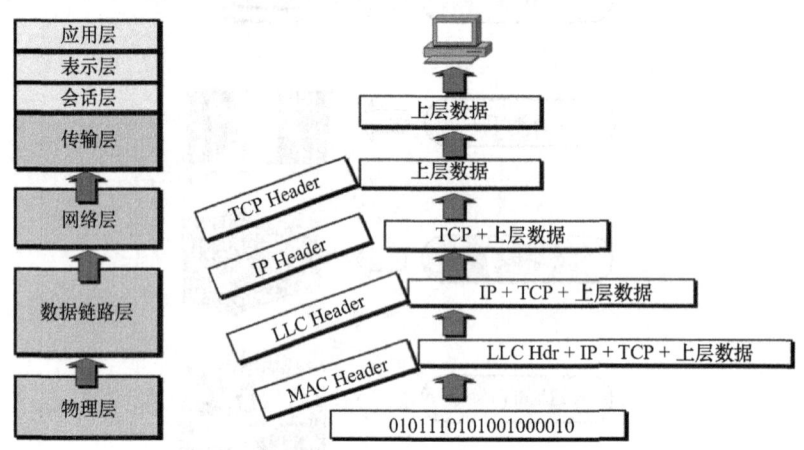

图 0-12　OSI 各层解封装示意图

(2) 数据在 OSI 参考模型各层的传递过程

如图 0-13 所示,每一个终端系统(计算机等)都包含了完整的七层,而中间节点(路由器等)只有下面三层。下面以用户浏览网站为例说明数据在各层的传递过程。

1) 发送端。当用户输入要浏览的网站信息后就由应用层产生相关的数据,并传递到表示层;通过表示层转换成计算机可识别的 ASCII 码,并传递到会话层;由会话层添加会话建立、维护和管理等信息,并传递到传输层;传输层将以上信息作为数据并加上相应的端口号信息等形成数据段,再递交给网络层;数据段在网络层加上 IP 地址等信息形成数据包并递交到数据链路层;数据包在数据链路层加上 MAC 地址等信息形成帧,并传递到物理层;在物理层数据帧转变成比特流,从而在网络上传输。

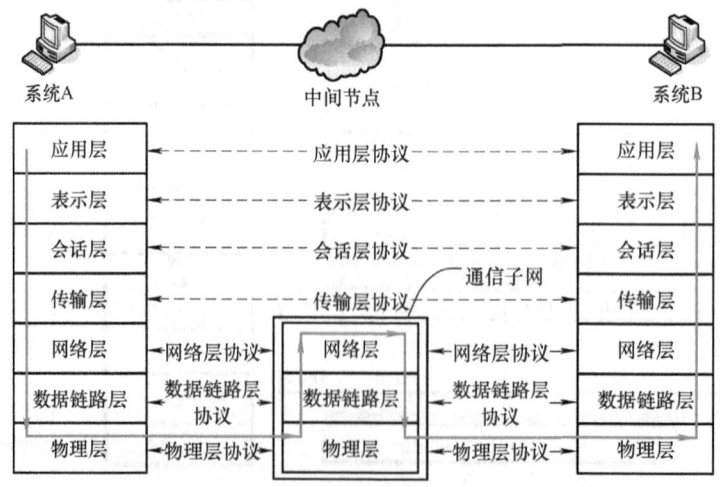

图 0-13　数据在 OSI 参考模型各层的传递过程

2）中间节点。中间节点接收到比特流后恢复成帧，读取帧中的地址信息，判断 MAC 地址是否与自己一致，如果发现不一致则丢弃该帧，一致就去掉 MAC 信息形成数据包送给网络层；网络层读取数据包中的 IP 地址，进行路由，确定转发端口，并再次把数据包递交回数据链路层；在数据链路层重新封装帧，并更新目的 MAC 地址信息后，转换成比特流，继续在网络中传输。

3）接收端。接收端接收到比特流，形成数据帧，读取相应的控制信息，并根据控制信息中的内容向上层传递数据单元，反向执行发送端的过程。

0.3　TCP/IP 体系

OSI 模型本身不是网络体系结构的全部内容，它并未确切地描述用于各层的协议和服务，仅提出每一层应该做什么。由于其设计太过复杂和烦琐，一直没有研究出产生完全符合这一协议的网络体系结构。

现在网络上流行的协议体系是传输控制协议（Transmission Control Protocol/Internet Protocol，TCP/IP），它也被称为计算机网络技术的"事实标准"或"工业标准"。TCP/IP 是随着美国国防部 ARPANet（Advanced Research Projects Agency Network）网络的研发而诞生和独立出来的。由于实现成本低，并且解决了在多个平台间通信的问题，TCP/IP 迅速流行并发展起来。

0.3.1　TCP/IP 与 OSI 参考模型比较

TCP/IP 在 OSI 模型之前就开始开发了，二者之间是各自独立进行的，因此 TCP/IP 的层次无法准确地与 OSI 模型对应起来。

与 OSI 参考模型一样，TCP/IP 也采用分层体系结构进行开发，每一层负责不同的通信功能。但是，TCP/IP 简化了层次设计，自顶向下分别是应用层、传输层、网络层和网络接口层，如图 0-14 所示。每一层的功能如下：

1）应用层涵盖了 OSI 参考模型中最高的三层（应用层、表示层和会话层）的功能，负责处理高层协议和相关表示、编码及会话控制等问题。

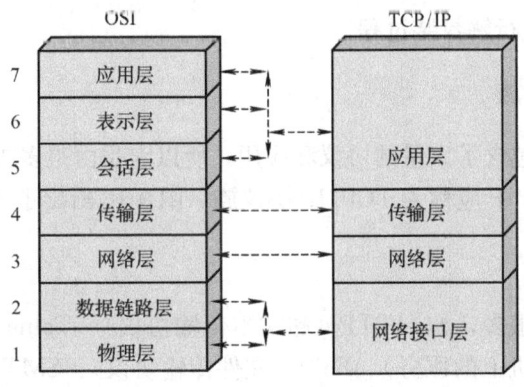

图 0-14　TCP/IP 与 OSI 参考模型比较

2）传输层对应于 OSI 参考模型的传输层，提供源主机到目的主机之间端到端的传输服务。

3）网络层对应于 OSI 参考模型的网络层，负责数据包的路由。

4）网络接口层又称为数据链路层，对应于 OSI 参考模型的最低两层（数据链路层和物理层），主要负责在进行数据帧传送时，建立与网络介质的物理连接。

但从实质上讲，TCP/IP 只在三层做了定义，即应用层、传输层和网络层，因为最下面的网络接口层并没有具体的内容，它支持所有现有标准和专用的协议。

0.3.2　TCP/IP 的数据封装过程

如图 0-15 所示，同 OSI 参考模型数据封装过程一样，TCP/IP 在报文转发过程中，封装和解封装也发生在各层之间，过程如下：

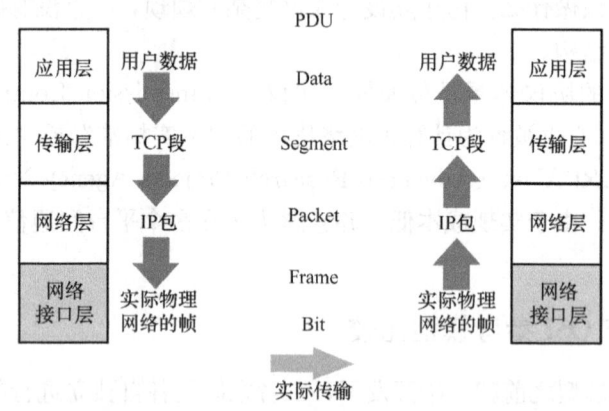

图 0-15　TCP/IP 数据封装和解封装过程

1）发送方，封装的操作是逐层进行的。各个应用程序将要发送的数据送给传输层；传输层把数据分为大小一定的数据段，加上本层的数据段头部，发送给网络层；网络层对来自传输层的数据段进行一定的处理，加上本层的 IP 报文头部后，转换为数据包，再发送给网络接口层；网络接口层依据不同的协议类型加上本层的帧头部，以比特流的形式将报文发送出去。

2）接收端，反向执行解封装过程。

0.3.3　TCP/IP 协议族

在 TCP/IP 体系中包含了大量的协议和应用，所以它是由很多提供不同应用和不同服务的协议组成的，故 TCP/IP 应称为 TCP/IP 协议族。图 0-16 给出了 TCP/IP 协议族中常见的协议。

（1）应用层协议

该层包含的协议有很多，如 HTTP（超文本传输协议）、Telnet（远程登录，为远程客户提供登录到服务器主机上的服务）、FTP（文件传输协议）、SMTP（简单邮件传输协议）等。所有的应用软件通过该层利用网络。

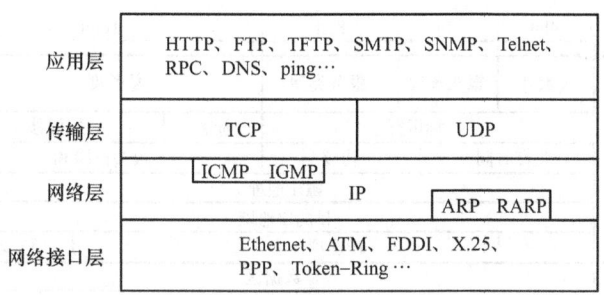

图 0-16 TCP/IP 协议族

（2）传输层协议

该层包括两个协议：传输控制协议（Transmission Control Protocol，TCP）和用户数据报文协议（User Data Protocol，UDP）。TCP 提供了面向连接的可靠数据传送、重复数据抑制、拥塞控制以及流量控制。UDP 提供了一种无连接的、不可靠的、尽力传送的服务。因此，如果用户需要使用 UDP 作为传输协议的应用，则必须提供各自的端到端的完整性、流量控制和拥塞控制。通常，对于那些需要快速传输的机制并能容忍某些数据丢失的应用，可以使用 UDP，如实时播放的流媒体。

（3）网络层协议

该层主要协议包括网际协议（Internet Protocol，IP）、网际控制报文协议（Internet Control Message Protocol，ICMP）、地址解析协议（Address Resolution Protocol，ARP）、反向地址解析协议（Reverse Address Resolution Protocol，RARP）等。IP 是这一层最核心的协议。

0.3.4 常用的 TCP/IP

（1）网际协议 IP（Internet Protocol）

IP 的特性有两个：无连接性和不可靠性。

IP 是一种不可靠的协议，它只尽最大努力地传输数据，无论传输正确与否，都只将分组尽量往目的地传输，既不做验证，也不发确认，也不保证分组的正确顺序；IP 也是一种无连接协议，它是为使用数据报的分组交换网而设计的。这就表示每一个分组独立地进行处理，而每一个分组使用不同的路由传送到终点。因此，若源端向同一目的端发送多个数据包，这些数据包有可能不按顺序到达，还有一些数据包可能丢失或者受到损伤。这时，TCP/IP 要依靠更高层的协议来解决这些问题。网络可靠性要求很高时，IP 必须与可靠的协议（如 TCP）配合起来使用。

IP 定义了 TCP/IP 在互联网上进行信息传输所用的基本单元——IP 数据报。认识 IP 数据报的格式对我们理解 IP 这个协议有重要的意义。IP 数据报分为首部和数据两部分，最大长度为 65536B。IP 数据报首部长度不固定，由 20B 的固定部分和变长的任选字段组成，具体格式如图 0-17 所示。

IP 数据报中包含的主要部分如下：

1）版本号：占 4bit，指 IP 的版本号。通信双方使用的 IP 版本必须一致。目前广泛使

	4bit	4bit	8bit	16bit
报头	版本号	报头长度	服务类型	总长度
	标识符		标志	片偏移
	生存时间		协议	报头校验和
	源IP地址			
	目的IP地址			
	IP选项			填充域
报文	数据区 ……			

图 0-17 IP 数据报的格式

用的 IP 版本号是 IPv4，IPv6 目前还处于试用阶段。

2) 报头长度：占 4bit，可表示的最大十进制数值是 15。请注意，这个字段所表示数的单位是 32bit（32bit 是 4B），因此，当 IP 的首部长度为 1111（即十进制的 15）时，首部长度就达到 60B。

当 IP 数据报的首部长度不是 4B 的整数倍数时，必须利用最后的填充字段加以填充，因此数据部分永远在 4B 的整数倍数开始，这样在实现 IP 时较为方便。首部长度限制为 60B，这样做的目的是希望用户尽量减少开销，但缺点是长度空间可能不够用。最常用的首部长度就是 20B（即首部长度为 0101）。

3) 服务类型：占 8bit，用来获得更好的服务。这个字段在旧标准中称为服务类型，但实际上一直没有被使用过。1998 年 IETF 把这个字段改名为区分服务 DS（Differentiated Services）。只有在使用区分服务时，这个字段才起作用。

4) 总长度：占 16bit，总长度指首部及数据之和的长度，单位为字节。因为总长度字段为 16bit，所以数据报的最大长度为 65535B。

在 IP 层下面的每一种数据链路层都有自己的帧格式，其中包括帧格式中的数据字段的最大长度，即最大传输单元（Maximum Transfer Unit，MTU）。当一个数据报封装成链路层的帧时，此数据报的总长度（即首部加上数据部分）一定不能超过下面的数据链路层的 MTU 值（就像卡车运输货物时，货物的体积不能比车厢大）。

若数据报的大小比互联网中的最大传输单元还要大，怎么办？TCP/IP 设计人员提供了分片的机制解决这个问题，并利用 IP 数据报中的标志和片偏移字段来实现分片。

5) 标识符（Identification）：占 16bit。IP 软件在存储器中维持一个计数器，每产生一个数据报，计数器就加 1，并将此值赋给标识符字段。但这个"标识符"并不是序号，因为 IP 是无连接的服务，数据报不存在按序接收的问题。当数据报由于长度超过网络的 MTU 而必须分片时，这个标识符字段的值就被复制到所有的数据报的标识符字段中。相同的标识符字段的值使分片后的各数据报片最后能正确地重装成为原来的数据报。

6) 标志（Flag）：占 3bit，但目前只有 2bit 有意义。标志字段中的最低位记为 MF（More Fragment）。MF=1 即表示后面"还有分片"的数据报；MF=0 表示这已是若干数据报片中的最后一个。标志字段中间的一位记为 DF（Don't Fragment），意思是"不能分片"。只有当 DF=0 时才允许分片。

7) 片偏移：占 13bit。片偏移表示较长的分组在分片后，某片在原分组中的相对位置。也就是说，相对用户数据字段的起点，该片从何处开始。

8) 生存时间：占 8bit，生存时间字段常用的英文缩写是 TTL（Time To Live），其表明数据报在网络中的寿命。由发出数据报的源点设置这个字段，其目的是防止无法交付的数据报无限制地在因特网中兜圈子，因而白白消耗网络资源。最初的设计是以秒作为 TTL 的单位。每经过一个路由器时，就把 TTL 减去数据报在路由器消耗掉的一段时间。若数据报在路由器消耗的时间小于 1s，就把 TTL 值减 1。当 TTL 值为 0 时，就丢弃这个数据报。

9) 协议：占 8bit，协议字段指出此数据报携带的数据是使用何种协议，以便使目的主机的 IP 层知道应将数据部分上交给哪个处理过程。

10) 报头校验和：占 16bit。这个字段只检验数据报的头部，但不包括数据部分。这是因为数据报每经过一个路由器，都要重新计算一下报头校验和（一些字段，如生存时间、标志、片偏移等都可能发生变化）。不校验数据部分可减少计算的工作量。

11) 源 IP 地址：占 32bit。

12) 目的 IP 地址：占 32bit。

13) IP 报头的可变部分就是一个可选字段。可选字段用来支持排错、测量以及安全等措施，内容很丰富。此字段的长度可变，从 1B 到 40B 不等，取决于所选择的项目。某些选项只需要 1B，它只包括 1B 的选项代码。但还有些选项需要多个字节，这些选项一个个拼接起来，中间不需要有分隔符，最后用全 0 的填充字段补齐成为 4B 的整数倍。

增加报头的可变部分是为了增加 IP 数据报的功能，但这同时也使得 IP 数据报的首部长度成为可变的，这就增加了每一个路由器处理数据报的开销。实际上这些选项很少被使用，新的 IPv6 就将 IP 数据报的首部长度做成固定的。

IP 提供了统一的 IP 数据包格式，消除了通信子网的差异，从而为信息的发送和接收提供了透明的传输通道。

（2）网际控制报文协议 ICMP（Internet Control Message Protocol）

IP 提供了不可靠的和无连接的数据报发送的机制。如果出了差错怎么办？这些数据有可能因网络阻塞到达不了目的主机，IP 只是简单丢弃数据包，并没有差错报告或差错纠正的机制。另外，网络中的节点有时需要确定一个路由器或主机是活跃的，IP 也没有提供查询管理的机制。

ICMP 就是为了解决以上两个问题而设计的。ICMP 报文主要分为两大类，即差错报告报文和查询报文。

查询报文是成对出现的，它帮助主机或网络管理员从一个路由器或另一个主机得到特定的信息。常用的"ping"就是使用的 ICMP，目的是测试目的主机是否可到达，如图 0-18 所示。

总之，ICMP 是一种集差错报告和查询管理于一身的协议，在所有 TCP/IP 主机上都可实现 ICMP。ICMP 消息需要配合 IP 使用，ICMP 消息要封装在 IP 数据包中，再传送给下一层。当 IP 数据包中的数据协议字段是 1 时，表明其 IP 数据是 ICMP 报文。

（3）地址解析协议 ARP（Address Resolution Protocol）

数据链路层协议如以太网或令牌环网都有自己的寻址机制，数据链路层使用的地址称为

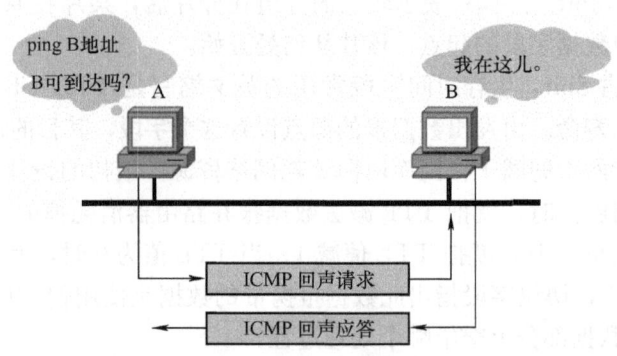

图 0-18　由 ping 命令产生的 ICMP 查询报文

物理地址（也称为 MAC 地址）。当一台主机把以太网数据帧发送到位于同一局域网上的另一台主机时，是根据物理地址来确定目的接口的。主机在发送帧前需将目标 IP 地址转换成目标 MAC 地址，这个过程称为物理地址转换。

　　ARP 就是实现物理地址转换功能的协议，其工作过程如下：一台主机 PC1 先向目标主机 PC2 发送包含 IP 地址信息的广播数据包，即 ARP 请求，然后目标主机向该主机发送一个含有 IP 地址和 MAC 地址的数据包（不再以广播形式发送，而是直接发送给主机 PC1），通过 MAC 地址两个主机就可以实现数据帧传输了，如图 0-19 所示。

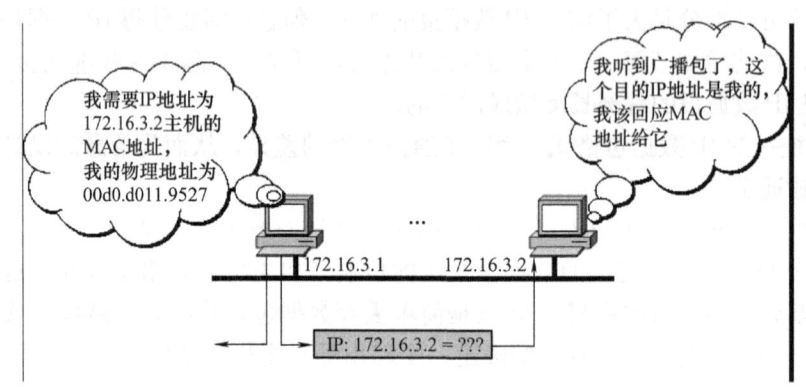

图 0-19　ARP 的工作过程

　　ARP 高效运行的关键是由于每个主机上都有一个 ARP 高速缓存，这个高速缓存存放了最近 IP 地址到物理地址之间的映射记录。当主机查找某个 IP 地址与 MAC 地址的对应关系时，首先在本机的 ARP 缓存表中查询，只有在找不到时才进行 ARP 广播。

　　（4）TCP/IP 中使用的地址

　　TCP/IP 使用 3 个等级的地址：物理（链路）地址、IP（互联网）地址以及端口地址，每一种地址都对应着 TCP/IP 体系结构中的特定层。

　　1）物理地址：物理地址也称为链路地址或 MAC 地址，包含在数据链路层使用的帧中，用于局域网（如以太网）内寻找目的主机。这种地址的长度和格式是可变的，以太网 MAC

地址采用十六进制数表示，共 6B（48bit）。

2）IP 地址：在互联网的环境中仅使用物理地址是不合适的，因为不同的网络可以使用不同的地址格式。因此，需要一种通用的编址系统，来唯一标识每一台主机，而不管底层是使用什么样的物理网络。IP 地址就是为此目的设计的，目前互联网的地址分为 IPv4 和 IPv6 两种。

3）端口地址：源主机将传送多进程的数据到达目的主机。为了区分，我们需要对不同的进程打上标记。在 TCP/IP 体系结构中，给一个进程指派的标号称为端口地址。TCP/IP 中的端口地址是 16bit 的。

理 论 训 练

一、选择题

1. OSI 模型数据链路层的主要功能是（　　）。
  A. 利用不可路由的物理地址建立平面网络模型
  B. 通过物理媒体以比特流格式传输数据
  C. 利用逻辑地址建立多个可路由网络
  D. 建立、管理和终止应用层实体之间的会话

2. TCP/IP 模型的网络接口层对应于 OSI 模型的（　　）。
  A. 物理层和数据链路层　　　　B. 数据链路层和网络层
  C. 物理层、数据链路层和网络层　D. 仅网络层

3. IP 报头的最大长度是多少个字节？（　　）
  A. 20　　　　B. 60　　　　C. 64　　　　D. 256

4. 下列哪个协议可提供"ping"和"traceroute"这样的故障诊断功能？（　　）
  A. ICMP　　　B. IGMP　　　C. ARP　　　D. RARP

5. 为了确定将数据发送到下一个网络的路径，网络层必须首先对接收到的数据帧做什么？（　　）
  A. 封装数据包　　　　　　　　B. 改变其 IP 地址
  C. 改变其 MAC 地址　　　　　D. 拆分数据包

6. ARP 请求作为下列哪种类型的以太网帧被发送？（　　）
  A. 广播　　　B. 单播　　　C. 组播　　　D. 定向广播

7. TCP 在应用程序之间建立了下列哪种类型的线路？（　　）
  A. 虚拟线路　B. 动态线路　C. 物理线路　D. 无连接线路

8. 关于 ARP 的说法中，正确的是（　　）。
  A. ARP 的作用是将 IP 地址转换为物理地址
  B. ARP 的作用是将域名转换为 IP 地址
  C. ARP 的作用是将 IP 地址转换为域名
  D. ARP 的作用是将物理地址转换为 IP 地址

9. 下列哪项有关 UDP 的描述是正确的？（　　）

A. UDP 是一种面向连接的协议，用于在网络应用程序间建立虚拟线路
B. UDP 为 IP 网络中的可靠通信提供错误检测和故障恢复功能
C. 文件传输协议 FTP 就是基于 UDP 来工作的
D. UDP 服务器必须在约定端口收听服务请求，否则该事务可能失败

10. 下面哪一个协议可以用于发现设备的硬件地址？（   ）
    A. RARP   B. ARP   C. IP   D. ICMP

11. 下列哪项最恰当地描述了生存时间 TTL 在 IP 数据报中的使用？（   ）
    A. TTL 指出了允许发送主机在线的时间长度
    B. TTL 指出了数据报在一个网段上停留的秒数
    C. TTL 对数据报在一个路由器处等待的时间进行按秒计数
    D. 数据报每经过一个路由器其 TTL 值就减一

12. 为了将几个已经分片的数据报重新组装，目的主机需要使用 IP 数据报头中的哪个字段？（   ）
    A. 首部长度字段   B. 服务类型 ToS 字段
    C. 版本字段   D. 标识符字段

13. 下列哪一项不属于 TCP 的功能？（   ）
    A. 最高效的数据包传递   B. 流控制
    C. 数据包错误恢复   D. 多路分解多个应用程序

14. 下列哪项不是 TCP 为了确保应用程序之间的可靠通信而使用的？（   ）
    A. ACK 控制位   B. 序列编号   C. 校验和   D. 紧急指针

15. OSI 模型物理层的主要功能是（   ）。
    A. 为信息传送提供物理地址
    B. 建立可以通过网段携带高层 PDU 的数据帧
    C. 利用网络和主机地址通过网络路由数据包
    D. 通过物理媒体以比特流格式传输数据

16. 下面哪一项不属于网络层协议？（   ）
    A. IGMP   B. IP   C. UDP   D. ARP

17. 一个 IP 数据报的最大长度是多少个字节？（   ）
    A. 521   B. 576   C. 1500   D. 65535

18. 在 OSI 参考模型中，物理层、数据链路层和网络层属于（   ）。
    A. 资源子网   B. 通信子网   C. 能源子网   D. 服务子网

19. TCP/IP 模型的应用层对应 OSI 模型的（   ）。
    A. 应用层   B. 会话层   C. 表示层   D. 以上三层都包括

20. 对网际控制协议（ICMP）描述错误的是（   ）。
    A. ICMP 封装在 IP 数据报的数据部分
    B. ICMP 消息的传输是可靠的
    C. 一般不把 ICMP 作为高层协议，而只作为 IP 必需的一个部分
    D. ICMP 一般用于在 Internet 上进行差错报告

二、判断题

1. IP 负责数据交互的可靠性。（　　）
2. 在网络体系结构中,"层"是一种纯软件的概念。（　　）
3. 分组交换网采用的是电路交换技术。（　　）
4. 一台主机只有安装了 TCP/IP 软件才能登录 Internet。（　　）
5. TCP/IP 可以提供异构网络之间的互联。（　　）
6. 传输层的主要功能是负责主机到主机的端对端的通信。（　　）
7. 用户数据报协议提供可靠的数据交互服务,且不进行差错检验。（　　）
8. 利用 IP 报头中的首部长度字段和总长度字段,可以知道 IP 数据报中数据内容的起始位置和长度。（　　）
9. Internet 上使用的协议必须是 TCP/IP。（　　）
10. 局域网上必须使用 TCP/IP 进行通信。（　　）
11. TCP/IP 包括 TCP 和 IP 共两个协议。（　　）
12. IP 是点到点的。（　　）

三、简答题

1. 什么是网络协议？网络协议为什么要分层？
2. OSI 参考模型的各层主要功能是什么？
3. TCP/IP 与 OSI 参考模型有哪些类似之处？两者有什么区别？

项目 1　IP 子网规划

教学目标

知识教学目标	技能培养目标
● 了解 IP 地址的编制方法 ● 了解 IP 地址的结构和分类方法 ● 了解一些特殊的 IP 地址 ● 掌握子网的划分方法	● 能够根据网络需求合理进行 IP 地址规划 ● 会使用 Cisco Packet Tracer 模拟器

项目引入：规划网络 IP 地址

某企业共有 3 个部门，分别是财务部、销售部和研发部。该企业从网络管理中心获得一个 C 类 IP 地址 192.168.10.0，为了方便管理各个部门，该如何规划网络 IP 地址呢？

相关知识

1.1　IP 地址

1.1.1　IP 地址的编制方法

目前，因特网使用 IPv4 作为 IP 地址的分配方案。在此方案中，IP 地址由 32bit 的二进制组成。为了提高可读性，在写出给人看的 IP 地址时，往往每隔 8bit 插入一个空格，但这样还是不方便。于是，通常将 32bit 的 IP 地址中的每 8bit 用其等效的十进制数字表示，并且在这些数字之间加上一个点。这就称为点分十进制记法，如图 1-1 所示。

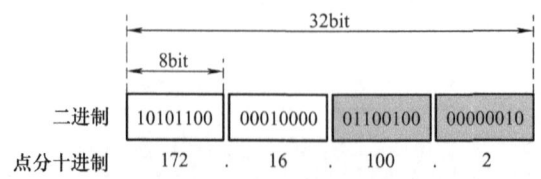

图 1-1　点分十进制提高可读性

IP 地址的编址方法经过了三个发展阶段，分别如下：
第一，分类的 IP 地址，这是最基本的编址方法，在 1981 年通过了相应的标准；
第二，子网的划分，这是对最基本的编址方法的改进，其标准在 1985 年通过；
第三，构成超网，这是无分类编址方法，1993 年提出后很快就得到了推广应用。

1.1.2 IP 地址的结构

如同电话号码是由区号和市内号码组成一样，IP 地址也由网络号和主机号两部分组成，其结构如图 1-2 所示。其中，网络号表示互联网络中的某个网络，而同一网络中有许多主机，就用主机号来区分。网络号在 Internet 中是唯一的，主机号在同一网络中是唯一的。

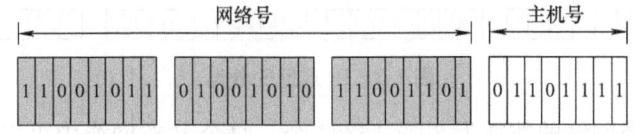

图 1-2 IP 地址的结构

对于一个给定的 IP 地址，如何区分出网络号和主机号呢？

方法是：利用子网掩码来进行标识。子网掩码也是一个 32bit 的二进制数，与 IP 地址相同，也采用点分十进制数来表示，如 255.255.255.0。

将 IP 地址的二进制数与子网掩码的二进制数按二进制位一一对应，进行逻辑与运算，其结果就是网络号。即子网掩码中为 1 的位所对应的 IP 地址部分，就是网络号；子网掩码中为 0 的位所对应的部分，就是主机号。

例如，若 IP 地址为 192.168.1.2，子网掩码为 255.255.255.0，则该主机所在的网络号为 192.168.1.0，主机号为 2。

另外，子网掩码也可用子网掩码中为 1 的二进制位个数的多少来表示。例如，IP 地址为 192.168.1.2，子网掩码为 255.255.255.0，则可将 IP 地址与子网掩码统一表示为 192.168.1.1/24。

1.1.3 IP 地址的分类

最初的网络设计者根据网络规模的大小规定了地址类别，把 IP 地址分为 A、B、C、D、E 五类，如图 1-3 所示。

（1）A 类地址

A 类 IP 地址主要用于超大型网络，它规定用前 8bit 表示网络号，后 24bit 表示主机号。A 类地址的最高位为 0，其地址范围为 1.0.0.1～127.255.255.254（网络号和主机号全为 0 或全为 1 的地址因特殊需要而被保留）。因此，全世界的 A 类网络数量为 $2^7-1=127$ 个，但由于网络号 127 被预留而无法分配给网络和主机，所以实际的网络号范围为 1～126，每个 A 类网络中可以容纳的主机数量为 $2^{24}-2=16777214$ 个。

（2）B 类地址

B 类 IP 地址主要用于中等规模的计算机网络，它规定用前 16bit 表示网络号，后 16bit 表示主机号。B 类地址的最高两位为 10，其地址范围为 128.0.0.1～191.255.255.254。不

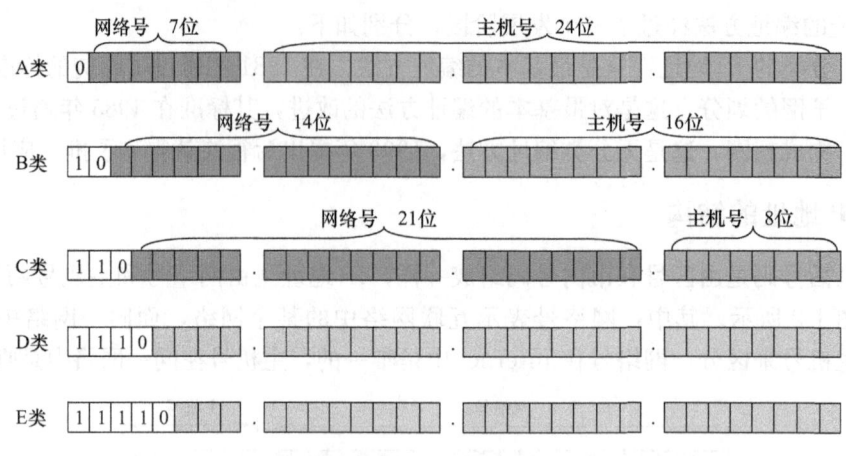

图 1-3 IP 地址的分类

难看出,全世界 B 类网络的数量为 $2^{14}=16384$ 个,每个 B 类网络中可以容纳的主机数量为 $2^{16}-2=65534$ 个。

(3) C 类地址

C 类 IP 地址是普通用户最常使用的地址,它主要用于一些规模相对较小的网络。它规定用前 24bit 表示网络号,后 8bit 表示主机号。C 类地址的前 3bit 为 110,其地址范围为 192.0.0.1~223.255.255.254。全世界 C 类网络的数量为 $2^{21}=2097152$ 个,每个 C 类网络中可以容纳的主机数量为 $2^8-2=254$ 个。

(4) D 类地址

D 类 IP 地址以 1110 开始,地址范围为 224.0.0.0~239.255.255.255。与前面的 A、B、C 三类地址不同,D 类地址专门用作组播地址,不能分配给单独主机使用,而被定义用来转发目的地址预定义的一组 IP 地址数据包。

(5) E 类地址

E 类 IP 地址是 Internet 工程任务组(Internet Engineering Task Force,IETF)规定保留的地址,专门用来供研究使用。E 类地址以 11110 开头,其地址范围为 240.0.0.0~247.255.255.255。

在上述地址类中,A、B、C 三类地址用于常规 IP 寻址,是今后学习和应用的重点。

1.1.4 特殊 IP 地址

无论是 A 类、B 类还是 C 类地址,都不能将所有地址全部分配给网络设备使用,一些特殊的 IP 地址被用于各种各样的特殊用途。

(1) 回环地址

将网络号为 127 的 IP 地址保留当作回环地址(Loopback),如 127.0.0.1。这个地址用于提供对本地主机的 TCP/IP 网络配置测试。发送到这个地址的数据包不输出到实体网络,而是送给系统的 Loopback 驱动程序来处理。

(2) 网络地址

主机号全部为"0"的 IP 地址,称为网络地址,网络地址用来标识属于同一个网络的主机或网络设备的集合。

例如：某个网络包含的主机 IP 地址范围是 172.16.0.1~172.16.255.254，由于它是一个 B 类地址，其网络号由前两个字节组成，主机号由后两个字节组成，将其主机位全部取 0，则得到这个网络的网络地址为 172.16.0.0。

（3）广播地址

主机号全部为"1"的 IP 地址，称为网段广播地址，广播地址用于向本网段所有节点发送数据包。

例如：一个 C 类地址 192.168.1.2，由于它的网络号由前面 3 个字节组成，主机号是最后一个字节，将其主机位全部取 1 得到的地址是 192.168.1.255，这个地址就是该网络的广播地址。在这个网络中，如果一台主机所发送的数据包中包含的目的地址是 192.168.1.255，那么这个数据分组将会被这个网络中的所有主机同时接收。

（4）全"0"和全"1"的 IP 地址

全"0"的 IP 地址 0.0.0.0 代表所有的主机。

全"1"的 IP 地址 255.255.255.255 代表本地有限广播。该地址用于向本地网络中的所有主机发送广播消息。

1.1.5 IP 地址的管理

连接在 Internet 上的主机必须要保证其 IP 地址的唯一性和合法性，否则就会产生冲突。因此需要有一个授权机构来负责 Internet 上合法地址的分配与管理，以确保 Internet 的正常运行。这个任务由 ICANN（The Internet Corporation for Assigned Names and Numbers）来完成，它是全球域名和数字资源分配机构。如果某台机器接入 Internet，就要向它申请 IP 地址，这些地址也称为公有地址（Public Address）。公有 IP 地址采用的是全球寻址方式，所以它必须是唯一的。

随着 Internet 的迅速发展，全球出现了 IP 地址危机。为了解决这个危机，IANA 机构将 IP 地址划分了一部分出来，将其规定为私网地址，如表 1-1 所示，私有地址可以自己组网时重复使用，但不能访问 Internet。若网络内主机有访问 Internet 需求，可通过 NAT（网络地址转换）技术将私有地址转换成合法的公网地址。

表 1-1 私有 IP 地址空间

IP 地址类别	私有地址范围
A	10.0.0.0~10.255.255.255
B	172.16.0.0~172.31.255.255
C	192.168.0.0~192.168.255.255

1.2 IP 子网划分

在网络的规划和组建中，常常需要进行子网划分，子网划分的目的是节约 IP 地址。例如，三层设备互联时，两端的互联接口需要各设置一个 IP 地址，总共需要两个 IP 地址，且这两个 IP 地址必须在一个独立的网段中。最小的 C 类网，一个网段可用的 IP 地址数有 254 个，如果直接分配一个 C 类网段给互联接口使用，则 IP 地址浪费太大，因此需要进行子网划分。

1.2.1 子网划分的基本思想

子网划分是将一个大的网络划分为若干个小的子网络，每个子网需有一个子网络编码，该子网络编码所需的二进制位从何而来呢？

方法是：将原来用于主机编码的二进制位，从高位（左端）拿出一部分出来用于子网的编号使用，即从主机位中借位来进行网络的划分，剩下的二进制位用于表达子网中的主机号，如图 1-4 所示。

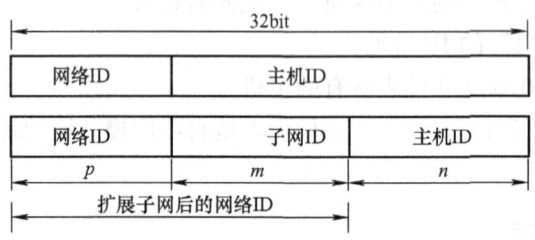

图 1-4 子网划分后的地址结构

划分子网的子网号的位数取决于具体的需要，并且子网位扩展为子网网络地址的一部分。若原网络地址为 p，子网号的位数为 m，剩下的主机位数为 n，则可以划分子网的个数为 2^m，每个子网的主机数为 2^n-2，网络地址的位数为 $p+m$。

注意：采用子网划分之后所得到的 IP 地址由于从原来的主机位上借若干位作为子网位，所以已经不再是原来意义上的 A 类、B 类和 C 类地址了。为了区分这种不同，我们特别采用 IP 地址加子网掩码的表达方式来区分。

例如：130.15.97.0 是划分子网后所得到的 IP 地址，在划分子网时从主机位上借了 2bit 作为子网位。应将该地址表示为 135.15.65.0/255.255.192.0，为了方便有时也把它表示成 135.15.65.0/18。

1.2.2 子网划分方法

在实际应用中，子网划分主要有两种方法，即按照子网数量划分和按照主机数量划分。下面以实例的方式分别介绍两种划分方法。

(1) 按照子网数量划分子网

每个子网内主机台数未限定或者主机台数相同时，则采用按照子网数量划分子网的方式。

案例一：一家公司共有 4 个部门，上级给出一个 192.168.250.0/24 的网段，请给每个部门分配网段。

步骤 1：根据子网数确定子网位数 m。

有 4 个部门，就需划分 4 个子网，故 $2^m \geqslant 4$，$m=2$。需要把主机位的最高 2bit 作为子网位,就可以从 192.168.250.0/24 这个大网段中划出 $2^2 = 4$ 个子网。

步骤 2:计算子网划分后子网的子网掩码。

未划分前的地址 192.168.250.0/24 网络位为前 24bit,加上从主机位借的 2bit 作为子网位,这样网络地址共有 26bit,所以掩码为 11111111.11111111.11111111.11000000,用点分十进制法表示为 255.255.255.192 或者 /26。

步骤 3:确定各子网的网络地址、广播地址及 IP 地址范围。

子网位的范围从 00 变化到 11,每取一个值,表示是一个子网。如果主机位全部为 0,则得到的是网络地址;如果主机位全部为 1,则得到的是广播地址。处于这两个地址中间的其他地址均是合法的主机地址,由此计算出各子网的网络地址、子网可用的 IP 地址范围、广播地址,如表 1-2 所示。

表 1-2 各子网参数表

子网序号	子网位	网络地址 (主机位全为 0)	广播地址 (主机位全为 1)	可用 IP 地址范围
1	00	192.168.250.0/26	192.168.250.63/26	192.168.250.1~192.168.250.62
2	01	192.168.250.64/26	192.168.250.127/26	192.168.250.65~192.168.250.126
3	10	192.168.250.128/26	192.168.250.191/26	192.168.250.129~192.168.250.190
4	11	192.168.250.192/26	192.168.250.255/26	192.168.250.193~192.168.250.254

总结:按照子网数量划分子网的方案特点是,每个子网内主机数量相同,子网掩码长度相同。类似于把一个大的网络平分成几份,如图 1-5 所示。需要注意的是,每个子网都有 2 个(主机位全 0 和全 1)IP 地址损耗。

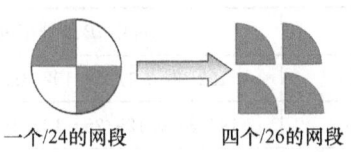

一个/24 的网段   四个/26 的网段

图 1-5 子网划分的理解

(2)按照主机数量划分子网(VLSM)

在实际应用中,通常会遇到这样的情况,用户的各个子网之间的主机数量是不相同的。如果按照子网数量划分子网,就会造成大量的 IP 地址的浪费。为了更加合理地分配和使用 IP 地址,1987 年 IETF 提出了可变长子网掩码(Variable Length Subnet Mask,VLSM)的方案,该方案允许各个子网的主机数量不同,主机位数不同,相应使用子网掩码也不同。

案例二:某单位有 5 个部门,研发部主机 75 台、人力资源部主机 40 台、生产部主机 25 台、财务部主机 12 台和销售部主机 10 台。现向 NIC 申请一个 IP 地址空间为 192.38.0.0/24 的网段,请为该公司的各部门规划 IP 地址。

分析:若按照子网数量划分子网,需划分 5 个子网,占用 3bit 子网位,剩余的主机位只有 5bit，每个子网主机的数量只有 30 台，不能满足案例二的需求。下面将采用 VLSM 的方案进行 IP 地址规划。

步骤 1：划分主机数量最多的子网。

主机数量最多的子网为研发部，有 75 台主机，所以进行子网划分时，要保留 7bit（$2^n \geq 75+2=77$，$n=7$）主机位，因此借来的子网位只能有 1bit。这样就分成了两个子网，其中一个分配给研发部，另一个继续划分更小的子网。

$$192.38.0.0/24 \Rightarrow \begin{cases} 192.38.0.0/25 & \text{该子网给研发部} \\ 192.38.0.128/25 & \text{继续划分更小的子网} \end{cases}$$

步骤 2：继续划分，满足主机数量最多的子网。

此时，主机数量最多的子网为人力资源部，有 40 台主机，划分方法同步骤 1。

$$192.38.0.128/25 \Rightarrow \begin{cases} 192.38.0.128/26 & \text{该子网给人力资源部} \\ 192.38.0.192/26 & \text{继续划分更小的子网} \end{cases}$$

步骤 3：继续划分，满足主机数量最多的子网。

此时，主机数量最多的子网为生产部，有 25 台主机，划分方法同上。

$$192.38.0.192/26 \Rightarrow \begin{cases} 192.38.0.192/27 & \text{该子网给生产部} \\ 192.38.0.224/27 & \text{继续划分更小的子网} \end{cases}$$

步骤 4：财务部和销售部主机数量分别为 12 台和 10 台，所需主机位都是 4bit，故这两个子网可由 192.38.0.224/27 再子网化得到。

$$192.38.0.224/27 \Rightarrow \begin{cases} 192.38.0.224/28 & \text{该子网给财务部} \\ 192.38.0.240/28 & \text{该子网给销售部} \end{cases}$$

这样 IP 地址全部分配完成，将各子网参数在表 1-3 中总结。

表 1-3　用 VLSM 划分的子网参数

部　门	网　络　地　址	可用 IP 地址范围	容纳主机数
研发部	192.38.0.0/25	192.38.0.1/25～192.38.0.126/25	126
人力资源部	192.38.0.128/26	192.38.0.129/26～192.38.0.190/26	62
生产部	192.38.0.192/27	192.38.0.193/27～192.38.0.222/27	30
财务部	192.38.0.224/28	192.38.0.225/28～192.38.0.238/28	14
销售部	192.38.0.240/28	192.38.0.241/28～192.38.0.254/28	14

总结：VLSM 技术的主要优势是允许把子网划分成更小的子网，如图 1-6 所示。该技术使 IP 地址的分配更加灵活和合理。

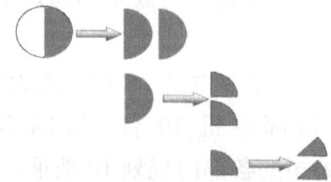

图 1-6　VLSM 技术的理解

1.2.3 无类别域间路由（CIDR）

Internet 的规模几乎每年都会增长一倍，能够用于分配的 IP 地址已经出现匮乏的迹象。原来使用的地址分类法将全部 IP 地址分成 5 类，但这些类别无法体现用户的需求：A 类地址所提供的地址范围过大，一般一个机构无法全部用到这些地址，以致浪费了大部分空间。另一方面，C 类网络对于大多数机构来说太小，这就意味着大多数机构会请求 B 类地址，但又没有足够的 B 类地址可以分配。

Internet 工程任务组（IETF）发表的 RFC1519 无类别域间路由（Classless Inter-Domain Routing，CIDR）是一种能够节省 Internet 地址并减少 Internet 路由器路由表条目的寻址方案。CIDR 与 128bit 地址的 IPv6 不同，它并不能最终解决地址空间逐渐被耗尽的问题，但 IPv6 的实现是个庞大的任务，需要很长的时间才能够完成过渡工作，所以 IPv4 还会存在很长的一段时间。这段时间里人们必须要面对日益匮乏的 IP 地址资源问题，CIDR 提供了一种暂时的解决方案，可以在 IPv4 向 IPv6 过渡的过程中起到一定的缓冲作用。

CIDR 的工作原理：CIDR 对原来用于分配 A、B 和 C 类地址的有类别路由选择进程进行了重新构建。CIDR 用 13～27bit 长的前缀取代了原来地址结构对地址的网络部分的限制（原来的 A、B、C 三类地址的网络部分被限制为 8bit、16bit 和 24bit），这样对于主机位就是 19～5bit，如表 1-4 所示。这就意味着采用这种技术进行地址分配，主机地址数量既可以少到 30 个，也可以多到 50 万个以上，从而能够更好地满足机构对地址的特殊需求。

表 1-4 CIDR 网络前缀与网络中所包含主机数量的关系

网络前缀值	主 机 位	每个网络的主机数	相当于 C 类网络的数量
/27	5	30	1/8
/26	6	62	1/4
/25	7	126	1/2
/24	8	254	1
/23	9	510	2
/22	10	1022	4
/21	11	2046	8
/20	12	4094	16
/19	13	8190	32
/18	14	16382	64
/17	15	32766	128

技能训练：在 Cisco Packet Tracer 模拟器中实现 IP 子网的划分

某企业共有 3 个部门，分别是财务部、销售部和研发部。该企业从网络管理中心获得一个 C 类 IP 地址 192.168.10.0，为了方便管理各个部门，请为每个部门划分一个子网。

训练标准：

1）正确配置 IP 地址。

2）正确配置子网掩码。

3）能够进行子网划分。

训练条件：

Cisco Packet Tracer 模拟软件。

训练步骤：

（一）未划分子网的测试

1）按图 1-7 所示的网络拓扑图，组建局域网。

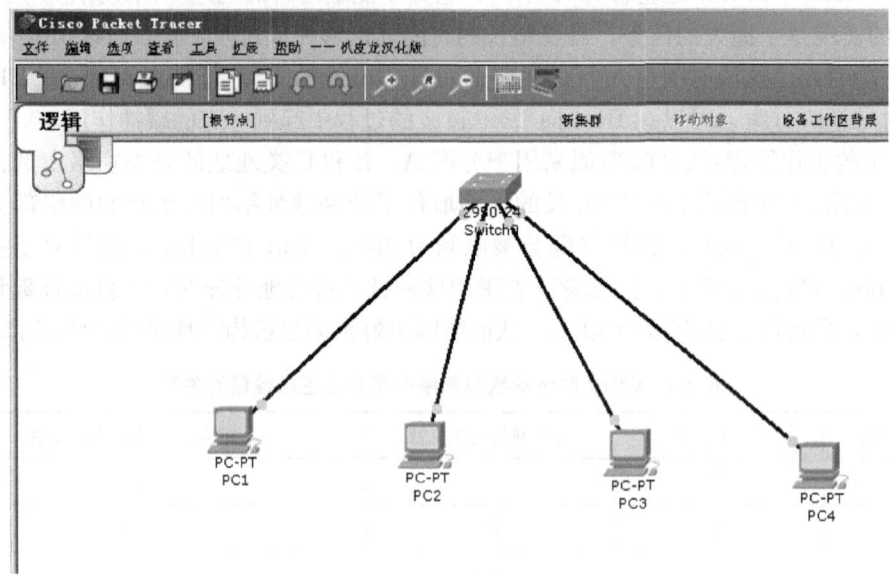

图 1-7　局域网拓扑图

2）按照表 1-5 中给出的网络地址配置 4 台 PC 的 IP。

表 1-5　网络地址分配表

计算机	IP 地址	子网掩码	网络地址
PC1	192.168.10.10	255.255.255.0	192.168.10.0
PC2	192.168.10.20	255.255.255.0	192.168.10.0
PC3	192.168.10.30	255.255.255.0	192.168.10.0
PC4	192.168.10.40	255.255.255.0	192.168.10.0

3）判断 4 台 PC 是否属于同一个网络。

4）使用 ping 命令测试各计算机之间的连通性。

5）根据测试结果，将 PC 之间的连通性结果填入表 1-6 中。

表 1-6 测试结果表

计算机	PC1	PC2	PC3	PC4
PC1	/			
PC2		/		
PC3			/	
PC4				/

（二）按需求划分子网

1）划分子网后，子网号有 2bit，主机号有 5bit，对应的子网掩码为 26bit。

2）为该企业的 3 个部门选择合适的子网地址。

财务部子网地址为：192.168.10.0/26；

销售部子网地址为：192.168.10.32/26；

研发部子网地址为：192.168.10.64/26。

3）假定 PC1 属于财务部，PC2、PC3 属于销售部，PC4 属于研发部，请分别为这 4 台 PC 设置合适的 IP 地址、子网掩码，并填写到表 1-7 中。

表 1-7 IP 地址划分表

计算机	IP 地址	子网掩码	网络地址
PC1			
PC2			
PC3			
PC4			

4）按照上面的表格为 4 台 PC 配置 IP 地址和子网掩码，使用 ping 命令测试各计算机之间的连通性。

5）根据测试结果，将 PC 之间的连通性结果填入表 1-8 中。

表 1-8 IP 子网测试表

计算机	PC1	PC2	PC3	PC4
PC1	/			
PC2		/		
PC3			/	
PC4				/

理 论 训 练

一、选择题

1. 若对 192.168.1.0/24 网络使用掩码 255.255.255.240 划分子网，其可用子网数以及每个子网内可用主机地址数为（　　）。

A. 14   14   B. 16   14   C. 254   6   D. 14   62

2. 若子网掩码为 255.255.0.0，下列哪个 IP 地址不在同一网段中？（　　）

A. 172.25.15.201   B. 172.25.16.15   C. 172.16.25.16   D. 172.25.201.15

3. B 类地址子网掩码为 255.255.255.248，则每个子网内可用主机地址数为（　　）。

A. 10   B. 8   C. 6   D. 4

4. 对于 C 类 IP 地址，子网掩码为 255.255.255.248，则能提供子网数为（　　）。

A. 16   B. 32   C. 30   D. 128

5. 3 个网段 192.168.1.0/24、192.168.2.0/24、192.168.3.0/24 能够汇聚成下面哪个网段？（　　）

A. 192.168.1.0/22   B. 192.168.2.0/22
C. 192.168.3.0/22   D. 192.168.0.0/22

6. IP 地址 219.25.23.56 的默认子网掩码有（　　）位。

A. 8   B. 16   C. 24   D. 32

7. 某公司申请到一个 C 类 IP 地址，但要连接 6 个子公司，最大的一个子公司有 26 台计算机，每个子公司在一个网段中，则子网掩码应设为（　　）。

A. 255.255.255.0   B. 255.255.255.128
C. 255.255.255.192   D. 255.255.255.224

8. 一台 IP 地址为 10.110.9.113/21 的主机在启动时发出的广播 IP 是（　　）。

A. 10.110.9.255   B. 10.110.15.255
C. 10.110.255.255   D. 10.255.255.255

9. 规划一个 C 类网，需要将网络分为 9 个子网，每个子网最多 15 台主机，下列哪个是合适的子网掩码？（　　）

A. 255.255.224.0   B. 255.255.255.224
C. 255.255.255.240   D. 没有合适的子网掩码

10. 与 10.110.12.29 mask 255.255.255.224 属于同一网段的主机 IP 地址是（　　）。

A. 10.110.12.0   B. 10.110.12.30
C. 10.110.12.31   D. 10.110.12.32

11. IP 地址 190.233.27.13/16 的网络部分地址是（　　）。

A. 190.0.0.0   B. 190.233.0.0
C. 190.233.27.0   D. 190.233.27.1

12. 没有任何子网划分的 IP 地址 125.3.54.56 的网段地址是（　　）。

A. 125.0.0.0   B. 125.3.0.0   C. 125.3.54.0   D. 125.3.54.32

13. 一个子网网段地址为 2.0.0.0、掩码为 255.255.224.0 的网络，它的一个有效子网网段地址是（　　）。

A. 2.1.16.0   B. 2.2.32.0
C. 2.3.48.0   D. 2.4.172.0

14. 一个子网网段地址为 5.32.0.0、掩码为 255.224.0.0 的网络，它允许的最大主机地址是（　　）。

A. 5.32.254.254　　　　　　　　　B. 5.32.255.254
C. 5.63.255.254　　　　　　　　　D. 5.63.255.255

15. 在一个子网掩码为 255.255.240.0 的网络中，哪些是合法的网段地址？（　　）
    A. 150.150.0.0　　　　　　　　B. 150.150.0.8
    C. 150.150.8.0　　　　　　　　D. 150.150.16.0

16. 如果 C 类子网的掩码为 255.255.255.224，则包含的子网位数、子网数目和每个子网中主机数目正确的是（　　）。
    A. 2，2，62　　B. 3，6，30　　C. 4，14，14　　D. 5，30，6

17. 一个 C 类地址：192.168.5.0，进行子网规划，要求每个子网有 10 台主机，使用哪个子网掩码划分最合理？（　　）
    A. 使用子网掩码 255.255.255.192　　B. 使用子网掩码 255.255.255.224
    C. 使用子网掩码 255.255.255.240　　D. 使用子网掩码 255.255.255.252

18. 网络地址为 192.168.1.0/24，选择子网掩码为 255.255.255.224，以下说法正确的是（　　）。
    A. 划分了 4 个有效子网　　　　　B. 划分了 6 个有效子网
    C. 每个子网的有效主机数是 30 个　　D. 每个子网的有效主机数是 31 个

19. 若某 IP 地址为 192.168.12.72，子网掩码为 255.255.255.192，该地址所在网段的网络地址和广播地址为（　　）。
    A. 192.168.12.32，192.168.12.127　　B. 192.168.0.0，255.255.255.255
    C. 192.168.12.43，255.255.255.128　　D. 192.168.12.64，192.168.12.127

20. 172.16.10.32/24 代表的是（　　）。
    A. 网络地址　　B. 主机地址　　C. 组播地址　　D. 广播地址

21. 一个子网网段地址为 10.32.0.0、掩码为 255.224.0.0 的网络，它允许的最大主机地址是（　　）。
    A. 10.32.254.254　　　　　　　　B. 10.32.255.254
    C. 10.63.255.254　　　　　　　　D. 10.63.254.254

二、应用题

1. 网段中一台主机的 IP 地址是 202.112.35.194，子网掩码为 255.255.255.240（采用子网数量划分子网）。要求：
   (1) 计算该主机所在网段的网络地址和广播地址。
   (2) 分析并写出该网段可用主机地址的范围。

2. 某单位有 4 个部门，需建立 4 个子网，其中部门 1 有 100 台主机，部门 2 有 60 台主机，部门 3 和部门 4 则只有 25 台主机。现有一个内部 C 类地址：192.168.1.0。请为该单位进行 IP 地址规划。

项目 2　网络设备认识与网络线缆的制作

教学目标

知识教学目标	技能培养目标
● 掌握常见网络通信设备的种类和功能 ● 熟悉集线器和交换机的区别、交换机和路由器的区别、路由器和路由交换机的区别 ● 掌握局域网接口和线缆的基本特性 ● 了解广域网接口和线缆的基本特性	● 能够根据网络需求合理地选用网络通信设备和通信线缆 ● 掌握局域网接口线缆双绞线的制作

项目引入：园区网络互联设备认识

经过项目 1 的学习后，我们已经确定了网络 IP 地址配置的方案。但是，组网的设备选用以及布线方案仍未确定。在本项目中将重点学习数据通信设备的种类和作用，以及局域网接口和线缆、广域网接口和线缆及逻辑接口的概念和应用。通过本项目的学习，你将学会选用中小型企业内部网络设备，以及合理布局整个网络的物理线路，并能熟练制作局域网接口线缆双绞线。

相关知识

2.1　常见的网络通信设备

网络设备及部件是连接到网络中的物理实体。网络设备的种类繁多，且与日俱增。基本的网络设备有：计算机、服务器、中继器、集线器、交换机、网桥、路由器、网关、网络接口卡（NIC）、无线接入点（WAP）、打印机和调制解调器。

2.1.1　中继器和集线器

（1）中继器

中继器工作于 OSI 模型的物理层，是最简单的网络互联设备。

当信号沿着网络介质传送时，随着传输路径的延长，信号会变得越来越弱。中继器的目的是在比特级别对网络信号进行再生和放大，从而使得它们能够在网络上传输更长的距离。

下面介绍两种主流中继器的应用。

1) 无线中继器。在空间广阔的环境中，无线信号的覆盖范围比带宽和速度更重要，使用无线中继器来扩展信号的覆盖范围是常见的选择。网络中无线中继器可以狭义地称为无线 AP（Access Point），起到加强信号、延长传输距离的作用。图 2-1 所示型号为中兴 H560N 无线中继器，为市场常见的一款通用型无线中继产品。

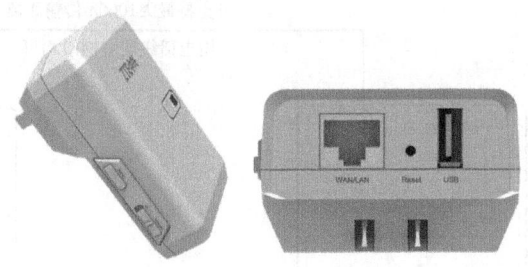

图 2-1　中兴 H560N 无线中继器

该产品一般用于家庭网络的智能扩展，通过无线路由器和 AP 配合，彻底解决 WiFi 信号穿墙效果差、覆盖范围小的难题，为用户提供高速、稳定、绿色的家庭全覆盖智能网络，如图 2-2 所示。

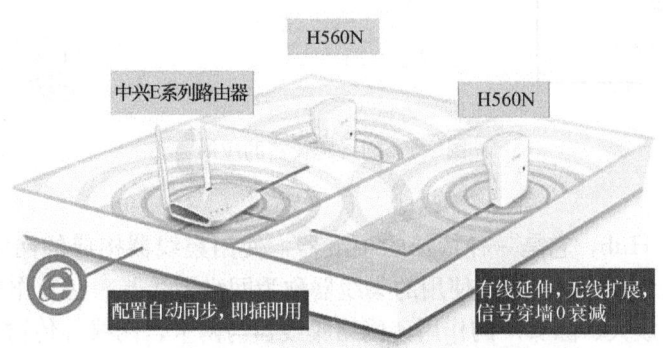

图 2-2　中兴 H560N 无线中继器应用方案

2) 网络延长器。网络延长器是有效延长网络传输距离的设备，能够突破传统以太网传输距离只能在 100m 以内的限制，可以将网络信号延长到 1000m 甚至更长，图 2-3 给出了市面上常见的一款网络延长器。

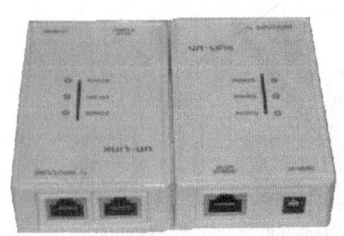

图 2-3　网络延长器

下面给出该网络延长器的应用场景：

张三家和李四家相距 400m，张三家开通了宽带，李四想要跟张三共享这条宽带，但是无线 WiFi 全覆盖的方式成本较高，如果用网线的话，100m 信号就很微弱了。

解决方案：一对网络延长线，一根 400m 电话线或者网线，如图 2-4 所示。

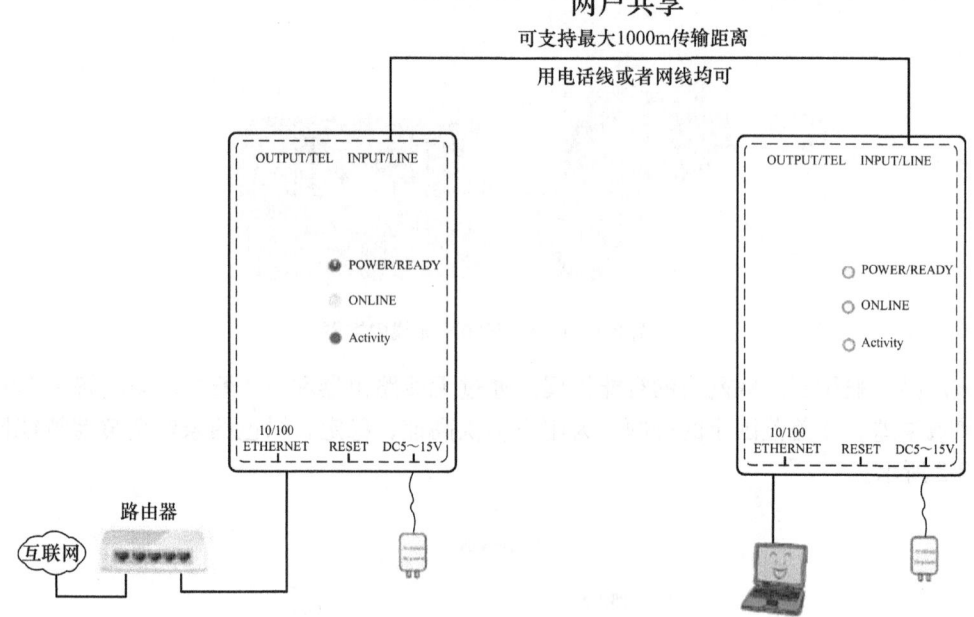

图 2-4　网络延长器的应用

(2) 集线器

集线器又称为 Hub，它是一种特殊的中继器，使用集线器构成的网络呈现星形拓扑结构，如图 2-5 所示。计算机网络中使用的集线器称为网络集线器，它工作在物理层，对信号只起简单的再生、放大、除噪声的作用。网络集线器与网卡、网线等传输介质一样，属于局域网中的基础设备，采用 CSMA/CD（一种检测协议）访问方式。

集线器可分为被动式集线器、主动式集线器和智能集线器。

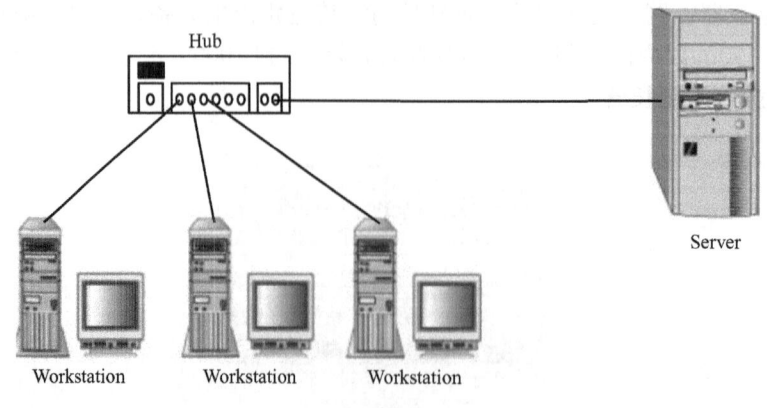

图 2-5　网络集线器的应用

被动式集线器只负责把多段介质连接在一起，不对信号做任何处理。

主动式集线器类似于被动式集线器，但它具有对传输信号进行再生和放大从而扩展介质长度的功能。

智能集线器除具有有源集线器的功能外，还可将网络的部分功能集成到集线器中，如网络管理、选择网络传输线路等。图 2-6 所示为一款 4 路 RS－485 智能集线器。

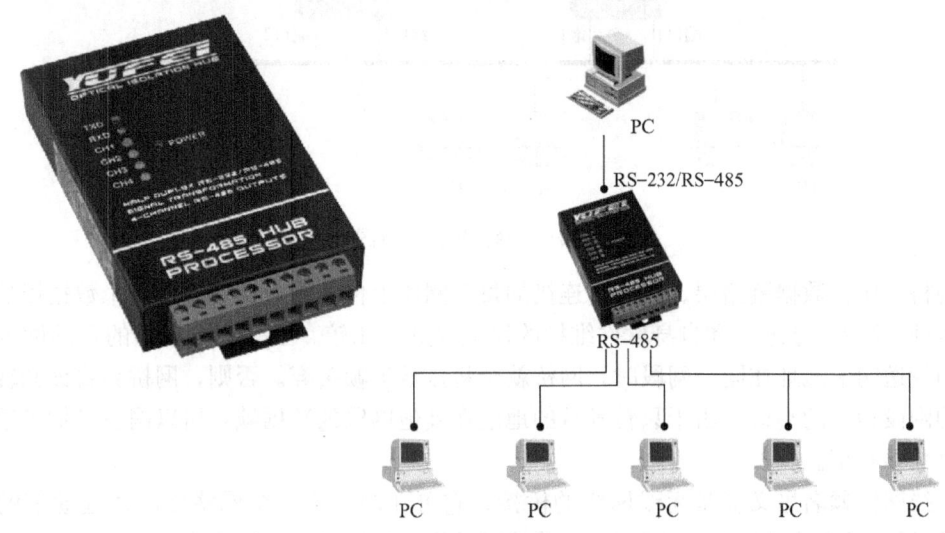

图 2-6　智能集线器的应用

网络集线器属于纯硬件网络底层设备，基本上不具有类似于交换机的"智能记忆"能力和"学习"能力。它也不具备交换机所具有的 MAC 地址表，所以它发送数据时都是没有针对性的，而是采用广播方式发送。也就是说，当它要向某节点发送数据时，不是直接把数据发送到目的节点，而是把数据包发送到与集线器相连的所有节点。因此，当一台计算机发送信号时，其他计算机不能同时发送信号，否则会发生冲突。所以用集线器连接的网络处于同一个冲突域（Collision Domain）。

集线器的带宽问题是我们需要关注的一个问题。由于用集线器构建的网络在任一时刻只允许一个端口发送广播数据，其余端口均处于被动接收状态，这样每台计算机发送数据的机会是均等的，所以用集线器连接的计算机是共享同一网络带宽的。假设一个集线器的带宽为 100Mbit/s，它共有 24 个数据端口，那么每个端口的平均数据传输带宽约为 4.2Mbit/s。这还是理论分析的结果，在实际应用中，由于有发送冲突的存在，实际上每个端口获得的平均带宽要小得多。

通过集线器连接的网络是一个很大的冲突域，由于多个用户处于同一冲突域中，因此网络性能会逐渐下降。换句话说，在一个广播网络中由设备共享的带宽就会变得不够用。在这种情况下，通常使用以太网交换机来提高性能。

2.1.2　网桥和交换机

（1）网桥

网桥（Bridge）也称为桥接器，它是连接两个局域网的存储转发设备，如图 2-7 所示。

网桥可以连接相同或相似体系结构的网络系统，这样不仅解决了各种物理传输协议（以太网、令牌环网等）标准所规定的线缆最大长度和最大节点数等问题，扩展了网络的直径或范围，还可以提高网络可靠性和安全性。

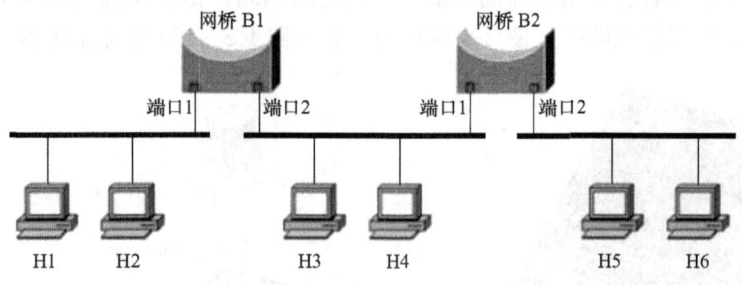

图 2-7　网桥连接示意图

网桥工作在数据链路层。它监听连接的每个网段上传输的数据，并将每个数据帧的目的网卡地址（MAC 地址）和自身软件维护的地址表进行比较。当一个数据帧的目的网卡地址和它的发送网卡地址在同一网段时，网桥就会将该数据帧丢弃。否则，网桥会将该帧转发到与目的网段相连的端口。由于只转发目的地址在其他网段的数据帧，所以网桥增加了整个网络的有效吞吐率。

无线网桥顾名思义就是无线网络的桥接，它可在两个或多个网络之间搭起通信的桥梁（无线网桥也是无线 AP 的一种分支）。无线网桥除了具备有线网桥的基本特点之外，无线网桥工作在 2.4GHz 或 5.8GHz 的免申请无线执照的频段，因而比其他有线网络设备更方便部署。

无线网桥典型的应用有 3 种：

1）点到点型（PTP），即"直接传输"。无线网桥设备可用来连接分别位于不同建筑物中两个固定的网络。它们一般由一对桥接器和一对天线组成。两个天线必须相对定向放置，室外天线与室内的桥接器之间用电缆相连，而桥接器与网络之间则是物理连接，如图 2-8 所示。

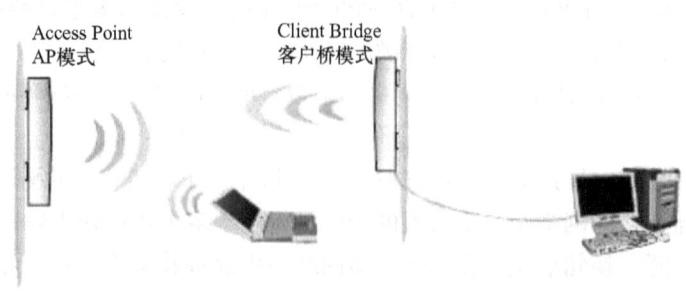

图 2-8　无线网桥点到点型应用实例

2）中继方式，即"间接传输"。当需要连接的两个局域网之间有障碍物遮挡而不可视时，可以考虑使用无线中继的方法绕开障碍物，来完成两点之间的无线桥接，如图 2-9 所示。无线中继点的位置应选择在可以同时看到左面监控点的位置与右面的监控中心位置，中继无线网桥连接的两个定向天线分别对准两边的定向天线，无线网桥的通信通过中继无线网桥来完成。

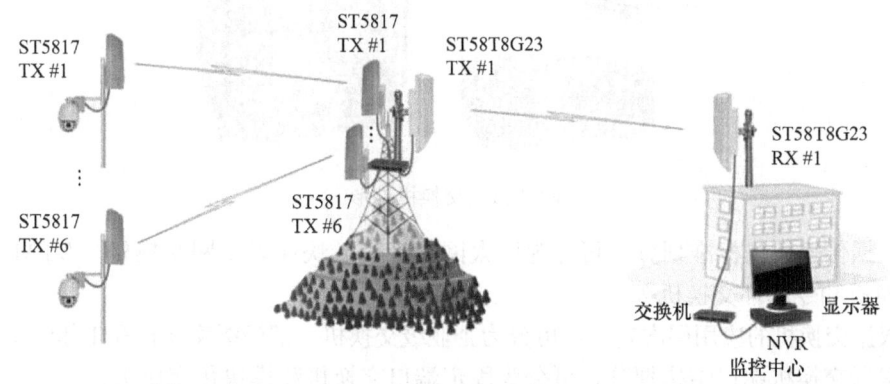

图 2-9　无线网桥中继应用模式

3）点对多点的传输模式，如图 2-10 所示。无线网桥能够把多个离散的远程的网络连成一体，结构相对于点对点无线网桥来说较复杂。点对多点无线网桥通常以一个网络为中心点发送无线信号，其他接收点进行信号接收。

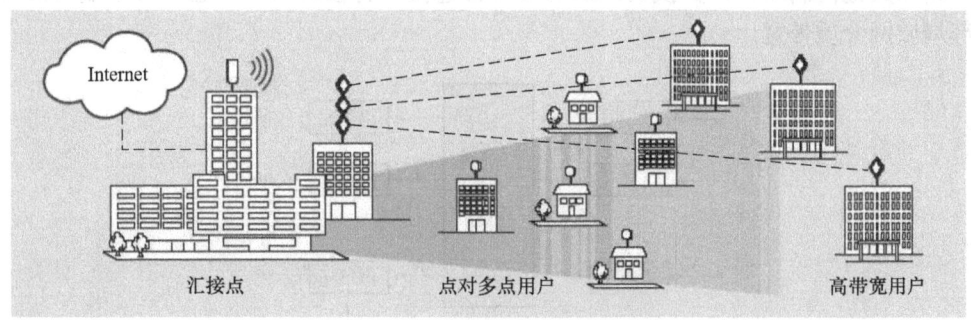

图 2-10　无线网桥点对多点应用模式

（2）交换机

交换机是一种组建星形结构网络的互联设备，如图 2-11 所示。它有着与集线器相似的外形，但其内部结构和工作原理与集线器截然不同。

交换机又称为多端口网桥，它一般工作于数据链路层，具有过滤、转发和学习等传统网桥的基本功能。交换机包含许多高速端口，这些端口在其所连接的局域网网段或单台设备之间转发数据帧。与传统网桥相比，交换机具有更高的数据传输速率和网络分段能力。同时由于交换技术的发展速度较快，"三层交换""线序自动识别"等新技术不断被引入到交换机中，使交换机的功能有了很大的提高。交换机价格也越来越低廉，并且还增加了支持VLAN（虚拟局域网）和 VPN（虚拟专用网）、网管功能、流量控制等新功能。因此，在如今的计算机网络组建中，人们很少使用集线器设备，大部分采用的都是交换机。

交换机的种类有很多，常见的有以下几种。

图 2-11　交换机外形

1）根据传输协议标准划分，可分为以太网交换机、快速以太网交换机、ATM 交换机、FDDI 交换机和令牌环交换机等。

2）根据交换机的应用层次划分，可分为企业级交换机、部门级交换机和工作组交换机等。

3）根据交换机端口结构划分，可分为固定端口交换机和模块化交换机。

4）根据交换机工作的协议层划分，可分为第 2 层交换机、第 3 层交换机和第 4 层交换机。

5）根据是否支持网管功能划分，可分为网管型交换机和非网管型交换机。

如果把集线器看作一条内置的以太网总线，交换机就可以看作由多条总线构成交换矩阵的互联系统，如图 2-12 所示。交换机内部有一条带宽很高的背板总线、存储器、内部交换矩阵电路和其他控制结构。交换机的所有端口都连接在背板总线上，它为每个端口的连接提供全部局域网介质带宽。

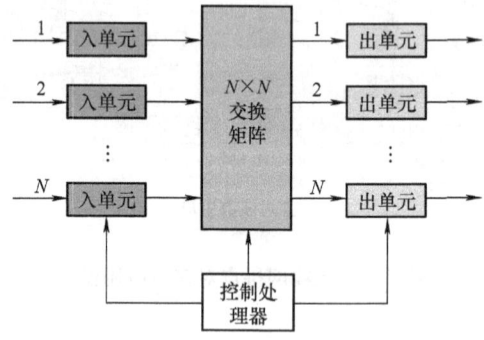

图 2-12　交换机矩阵结构

当控制电路检测到有数据包到达后，交换机的控制结构会查找存储器中的 MAC 地址和端口映射表，以确定目的 MAC 连接在交换机的哪个端口。然后通过内部交换矩阵直接将两个端口连接起来，数据包可以被全速地传送到目的端口。

由于交换机内部背板总线带宽很高，并含有专门用于处理数据包转发的 ASIC（Application Specific Integrated Circuit）芯片，因此交换机可以同时在多对端口之间高速交换帧。

下面再来关注一下交换机的数据传输带宽。假如一个 100MHz 的交换机有 24 个端口，每个端口均可工作在全双工模式下，那么每个端口在进行数据交换时都是独占带宽，也就是理论上每个端口的工作带宽都是 100MHz，当然由于数据传输时冲突的存在，实际的工作带宽都会小于这个值。

再进一步分析，由于每个端口的理论带宽都是 100MHz，而且每个端口都工作在全双工模式下，那么每个端口的实际工作带宽为 200MHz，24 个端口同时工作的总的带宽就是：

$$100\text{MHz} \times 2 \times 24 = 4800\text{MHz}$$

这个值是交换机背板交换的最大带宽。可以看出，交换机的传输效率要远远高于集线器，这也是交换机成为集线器的替代品的重要原因之一。

交换机虽然不像集线器那样采用广播方式来传输数据，而是点对点交换，但当交换机发现陌生的目的 MAC 地址时也会广播到所有的端口，也就是说交换机不能隔离广播域。如果网络中的计算机数量较多，网络中就会充斥着大量的广播包，从而影响正常的数据帧传输和整个网络的传输效率，因此大型网络仅仅采用普通交换机来构建也是不适宜的。

2.1.3 路由器和路由交换机

（1）路由器

普通的交换机不能隔离广播，但是工作在网络层的路由器却可以控制广播流量，图 2-13 所示为路由器所构成的网络拓扑图。路由器的一个重要功能就是可以隔离广播域（当然也就隔离了冲突域）。当路由器判断一个数据帧没有携带可路由的第三层数据时，便丢弃该帧。这样，广播流量就会局限在本地网络中而不会扩散到另一个网络，从而保障了连接在路由器各端口的远程网络的带宽。这对于因特网来说是至关重要的，如果你的计算机发送的广播包会到达全球范围，因特网早就瘫痪了。

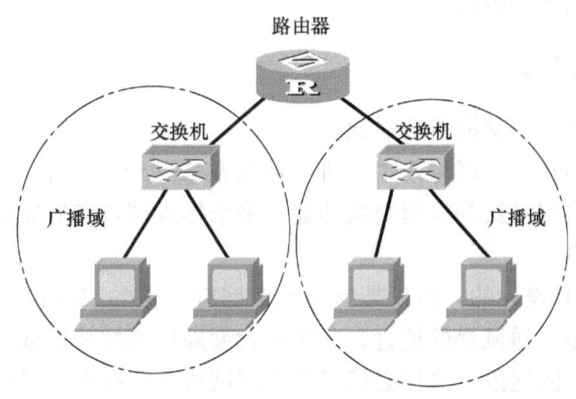

图 2-13　路由器构成的网络拓扑

路由器的另一个更重要的功能就是"路由"。所谓的路由，就是指把需要传送的数据从一个网络通过合理的传输路径传送到指定的另一个网络。路由器的主要工作就是为经过路由器的每个数据包寻找一条最佳传输路径，将该数据有效地传送到一个网络或其他路由器，并且在数据传输过程中对来自网络的数据流量及拥塞情况进行控制。由于路由器根据网络地址工作，所以路由器是工作在 OSI/RM 的网络层。

（2）路由交换机

路由交换机又称为三层交换机，图 2-14 所示为 ZXR10 系列百兆路由交换机。它是一个具有三层路由功能的二层交换机。三层交换机是三层路由与二层交换的有机结合，而不是把路由器设备的硬件及软件简单地叠加在二层交换机上。

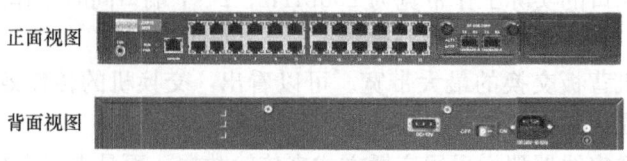

图 2-14　百兆路由交换机 ZXR10 3226

从硬件上看，第二层交换机的接口模块都是通过高速背板/总线（速率可高达几十 Gbit/s）交换数据的，与之相同，在第三层交换机中，与路由器有关的第三层路由硬件模块也插接在高速背板/总线上。这种方式使得路由模块可以与需要路由的其他模块间进行高速数据交换，从而突破了传统的外接路由器接口速率的限制。在软件方面，三层交换机也有重大的改进，它将传统的基于软件的路由器通过硬件得以高速实现，对于三层路由软件（如路由信息的更新、路由表维护、路由计算、路由的确定等功能），用优化、高效的软件实现。

三层交换机具有以下突出的特点：
1) 有机的软硬件结合使得数据交换加速。
2) 优化的路由软件使得路由过程效率提高。
3) 除了必要的路由决定过程外，大部分数据转发过程由第二层交换机处理。
4) 多个子网互联只是与第三层交换模块的逻辑连接，不像传统的外接路由那样需要增加端口，从而减少了用户的投资。

2.1.4　常用设备的对比

（1）二层交换机和三层交换机的对比

二层交换机主要用在小型局域网中，机器数量在二三十台以下。在这样的网络环境中，广播包影响不大，二层交换机的快速交换功能、多个接入端口和低廉的价格为小型网络用户提供了完善的解决方案。

三层交换机是为 IP 设计的，接口类型简单，拥有很强的二层包处理能力，所以适用于大型局域网。为了减小广播风暴的危害，必须把大型局域网按功能或地域等因素划分为多个小的局域网，即多个小的网段，这样必然导致不同网段之间存在大量的访问，单纯使用二层交换机没办法实现网间的互访，而如果单纯使用路由器，则由于端口数量有限，路由速度较慢，从而限制了网络的规模和访问速度，所以这种环境下，选用二层交换技术和路由技术有机结合而成的三层交换机就最为合适。

（2）三层交换机和路由器的区别

三层交换机和路由器都具有路由功能。但是三层交换机的主要功能仍是数据交换，它的路由功能通常比较简单，因为它所面对的主要是简单的局域网连接，路由路径远没有路由器那么复杂，它用在局域网中的主要用途还是提供快速数据交换功能，满足局域网数据交换频繁的应用特点。

路由器的主要功能还是路由功能，它的路由功能更多地体现在不同类型网络之间的互联上，如局域网与广域网之间的连接、不同协议的网络之间的连接等，所以路由器主要是用于不同类型的网络之间。它最主要的功能就是路由转发，解决好各种复杂路由路径网络的连接就是它的最终目的，所以路由器的路由功能通常非常强大，不仅适用于同种协议的局域网间，更适用于不同协议的局域网与广域网间。它的优势在于选择最佳路由、负荷分担、链路备份及和其他网络进行路由信息的交换等。为了与各种类型的网络连接，路由器的接口类型非常丰富，而三层交换机则一般仅用于同类型的局域网接口，非常简单。

从技术上讲，路由器和三层交换机在数据包交换操作上存在着明显区别。路由器一般由基于微处理器的软件路由引擎执行数据包交换，而三层交换机通过硬件执行数据包交换。三层交换机在对第一个数据流进行路由后，它将会产生一个 MAC 地址与 IP 地址的映射表，当同样的数据流再次通过时，将根据此表直接从二层通过而不是再次路由，从而消除了路由器进行路由选择而造成网络的延迟，提高了数据包转发的效率。同时，三层交换机的路由查找是针对数据流的，它利用缓存技术，很容易利用 ASIC 技术来实现，因此，可以大大节约成本，并实现快速转发。而路由器的转发采用最长匹配的方式，实现复杂，通常使用软件来实现，转发效率较低。

正因如此，从整体性能上比较的话，三层交换机的性能要远优于路由器，非常适用于数据交换频繁的局域网中；而路由器虽然路由功能非常强大，但它的数据包转发效率远低于三层交换机，更适合于数据交换不是很频繁的不同类型网络的互联，如局域网与互联网的互联。如果把路由器，特别是高档路由器用于局域网中，则在相当大程度上是一种浪费（就其强大的路由功能而言），而且还不能很好地满足局域网通信性能需求，影响子网间的正常通信。

综上所述，在局域网中进行多子网连接，最好还选用三层交换机，特别是在不同子网数据交换频繁的环境中。图 2-15 所示的园区级企业网，一方面可以确保子网间的通信性能需

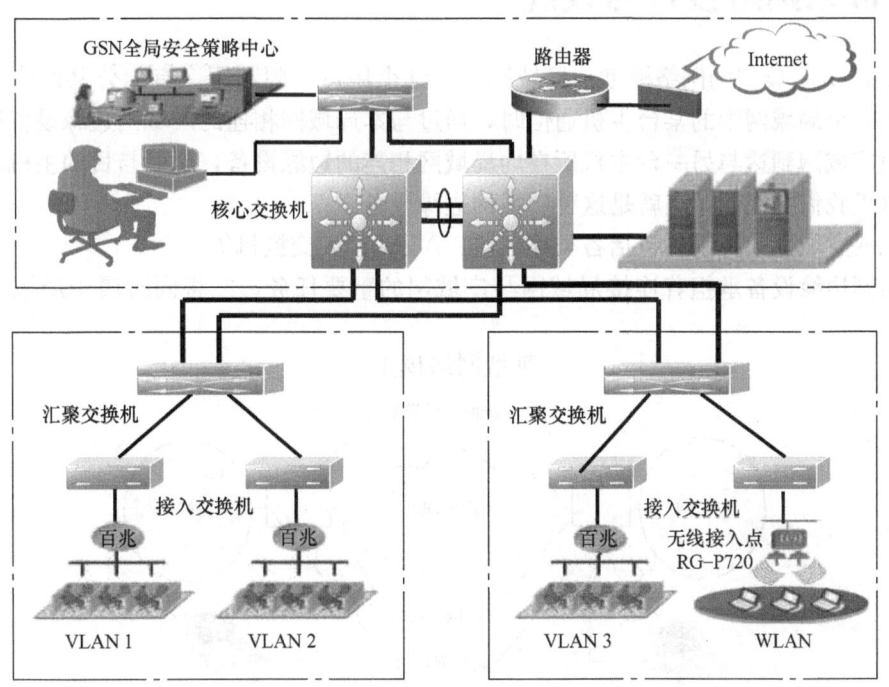

图 2-15　园区级企业网

求,另一方面省去了另外购买交换机的投资。当然,如果子网间的通信不是很频繁,采用路由器也无可厚非,也可达到子网安全隔离相互通信的目的。图 2-16 为一个家庭组建的局域网拓扑图。

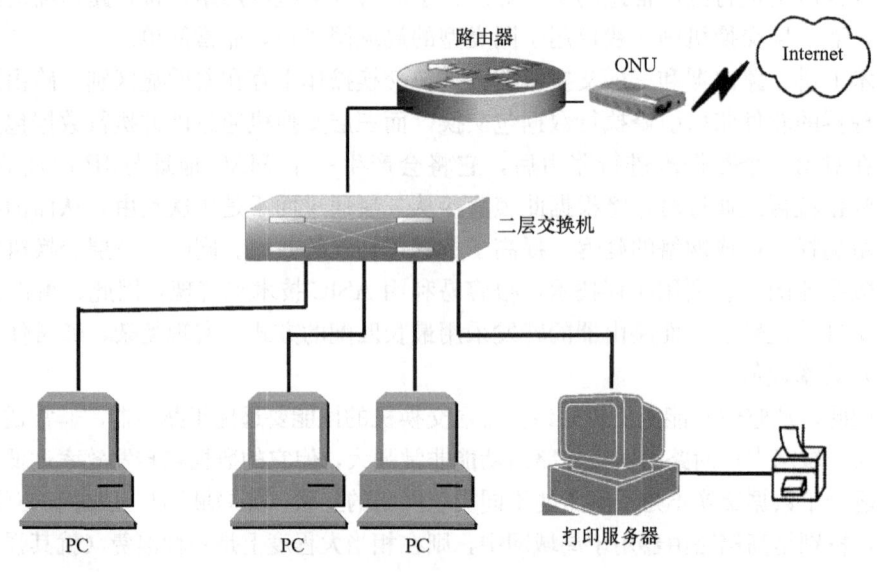

图 2-16 家庭小型局域网

2.2 常见网络接口与线缆

图 2-17 为一典型的网络模型。局域网中的某个用户希望利用已有的公共网络资源,与远端的另一个局域网中的某台主机通信时,通过与本局域网相连的广域网边缘设备进入广域网,经由广域网到达与另一台主机所在的局域网相连的边缘设备,从而与目的主机之间建立通信。这里我们关注的重点就是这种广域网边缘设备。

常见的广域网边缘设备包括各类路由器、ATM 接入交换机等。

广域网边缘设备承担着连接局域网与广域网的重要任务,它将同时属于局域网和广域

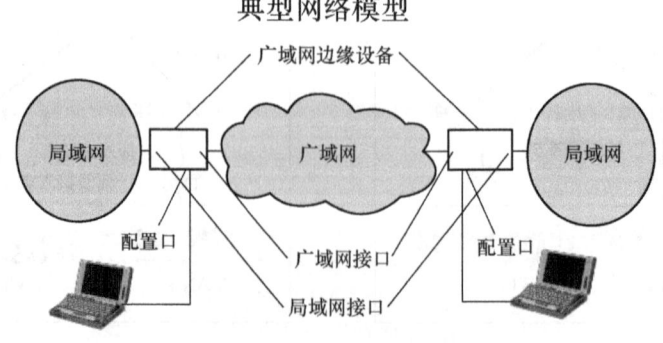

图 2-17 典型的网络模型

网,由此可知,就边缘设备而言,局域网接口、广域网接口这二者缺一不可。另外,出于此种设备应用的灵活性,其本地配置接口也是不可缺少的。

下面讨论各种常见网络物理接口与线缆的相关内容,包括常见的接口规范、线缆的类型以及其一般机械特性、电气特性、传输特性、使用注意事项等。

2.2.1 局域网接口与线缆

(1) 局域网的概念

局域网通常为一个单位所有,其地理范围和站点数据均有限,典型的覆盖范围只有几千米,一般局限于一栋大楼或建筑群内,通信线路要专门敷设。局域网一般采用数据信号的基带传输方式,结构简单,误码率低,数据传输速率高,时延小,能进行广播或多播。

(2) 局域网的类型

目前常见的局域网类型包括:以太网(Ethernet)、光纤分布式数据接口(FDDI)、异步传输模式(ATM)、令牌环网(Token Ring)、交换网(Switching)等,它们在拓扑结构、传输介质、传输速率、数据格式等多方面都有许多不同。其中应用最广泛的当属以太网,以太网是一种总线结构的局域网,是目前发展最迅速、结构简单、经济、功能强大的局域网。

(3) 局域网线缆

1) 同轴电缆。同轴电缆(Coaxial Cable)是由一根空心的外圆柱导体及其所包围的单根内导线组成的,如图 2-18 所示。圆柱导体与导线用绝缘材料隔开,其频率特性比双绞线好,能进行较高速率的数据传输。由于它的屏蔽性能好,抗干扰能力强,通常多用于基带传输。

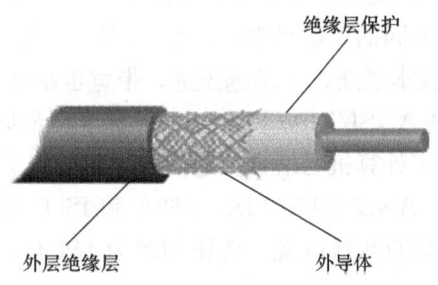

图 2-18 同轴电缆示意图

粗同轴电缆与细同轴电缆是指同轴电缆的直径大小。粗缆适用于比较大型的局域网络,传输距离长、可靠性高;但是细缆的使用和安装比较方便,成本比较低。

无论是粗缆还是细缆均为总线拓扑结构,即一根缆上连接多部机器,这种拓扑适用于计算机密集的环境。但是当某一连接点发生故障时,故障会串联影响到整根缆上的所有计算机,故障的诊断和修复都很麻烦,所以同轴电缆已逐步被非屏蔽双绞线或光缆取代。

2) 双绞线。双绞线(Twisted Pair)是由两条相互绝缘的导线按照一定的规格互相缠绕(一般以逆时针缠绕)在一起而制成的一种通用配线。

双绞线可分为非屏蔽双绞线 UTP(Unshielded Twisted Pair)和屏蔽双绞线 STP

(Shielded Twisted Pair)。

① 屏蔽双绞线。根据屏蔽方式的不同，屏蔽双绞线又分为两类，即 STP（Shielded Twisted-Pair）和 FTP（Foil Twisted-Pair）。STP 是指每条线都有各自屏蔽层的屏蔽双绞线，而 FTP 则是采用整体屏蔽的屏蔽双绞线。需要注意的是，屏蔽只在整个电缆均有屏蔽装置且两端正确接地的情况下才起作用，所以要求整个系统全部是屏蔽器件，包括电缆、插座、水晶头和配线架等，同时建筑物需要有良好的地线系统。

如图 2-19 所示，屏蔽双绞线电缆的外层由铝箔包裹以减小辐射，但并不能完全消除辐射。屏蔽双绞线价格相对较高，安装时要比非屏蔽双绞线电缆困难。类似于同轴电缆，它有较高的传输速率，100m 内可达到 155Mbit/s。

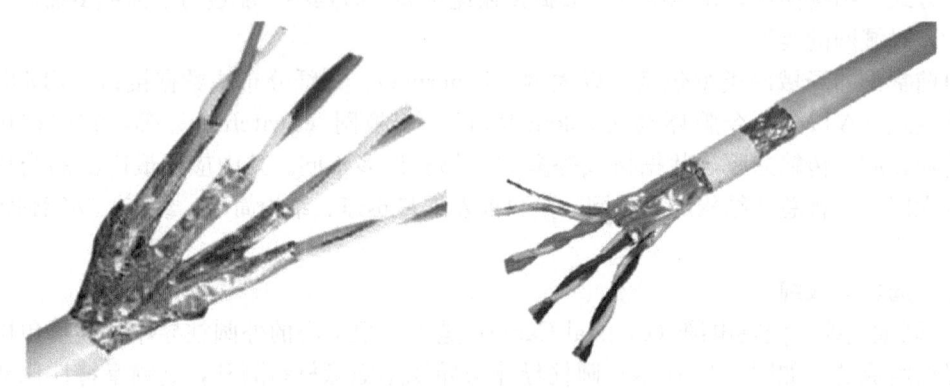

图 2-19 屏蔽双绞线

② 非屏蔽双绞线。非屏蔽双绞线由多对双绞线和一个塑料外皮构成。美国电子工业协会为双绞线电缆定义了 9 种不同的质量级别：1 类、2 类、3 类、4 类、5 类、超 5 类、6 类、超 6 类、7 类。数字越大，版本越新，技术越先进，带宽也越宽，当然价格也越贵。

1 类（Category 1）线是 ANSI/EIA/TIA-568A 标准中最原始的非屏蔽双绞铜线电缆，但它开发之初的目的不是用于计算机网络数据通信的，而是用于电话语音通信的。

2 类（Category 2）线是 ANSI/EIA/TIA-568A 和 ISO2 类/A 级标准中第一个可用于计算机网络数据传输的非屏蔽双绞线电缆，传输频率为 1MHz，传输速率达 4Mbit/s，主要用于旧的令牌网。

3 类（Category 3）线是 ANSI/EIA/TIA-568A 和 ISO3 类/B 级标准中专用于 10BASE-T 以太网络的非屏蔽双绞线电缆，传输频率为 16MHz，传输速率可达 10Mbit/s。

4 类（Category 4）线是 ANSI/EIA/TIA-568A 和 ISO4 类/C 级标准中用于令牌环网络的非屏蔽双绞线电缆，传输频率为 20MHz，传输速率达 16Mbit/s，主要用于基于令牌的局域网和 10BASE-T/100BASE-T。

5 类（Category 5）线是 ANSI/EIA/TIA-568A 和 ISO5 类/D 级标准中用于运行 CDDI（CDDI 是基于双绞铜线的 FDDI 网络）和快速以太网的非屏蔽双绞线电缆，传输频率为 100MHz，传输速率达 100Mbit/s。

超 5 类（Category Excess 5）线是 ANSI/EIA/TIA-568B.1 和 ISO5 类/D 级标准中用

于运行快速以太网的非屏蔽双绞线电缆，传输频率也为100MHz，传输速率也可达到100Mbit/s。与5类线缆相比，超5类在近端串扰、串扰总和、衰减和信噪比4个主要指标上都有较大的改进。

6类（Category 6）线是ANSI/EIA/TIA-568B.2和ISO6类/E级标准中规定的一种非屏蔽双绞线电缆，它主要应用于百兆位快速以太网和千兆位以太网中。因为它的传输频率可达200～250MHz，是超5类线带宽的2倍，最大速率可达到1000Mbit/s，满足千兆以太网的需求。

超6类（Category Excess 6）线是6类线的改进版，同样是ANSI/EIA/TIA-568B.2和ISO6类/E级标准中规定的一种非屏蔽双绞线电缆，主要应用于千兆网络中。在传输频率方面与6类线一样，也是200～250MHz，最大传输速率也可达到1000Mbit/s，只是在串扰、衰减和信噪比等方面有较大改善。

7类（Category 7）线是ISO7类/F级标准中最新的一种双绞线，主要为了适应万兆位以太网技术的应用和发展。但它不再是一种非屏蔽双绞线了，而是一种屏蔽双绞线，所以它的传输频率至少可达500MHz，又是6类线和超6类线的2倍以上，传输速率可达10Gbit/s。

图2-20所示为超5类和6类非屏蔽双绞线，是目前大部分局域网采用的线缆。

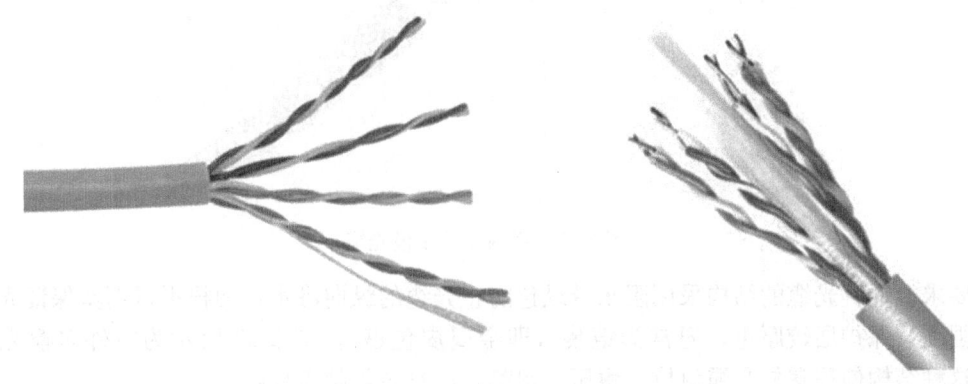

图2-20 超5类和6类非屏蔽双绞线

不同类型的双绞线标注方法规定如下：标准类型按"cat*"方式标注，如常用的5类线，在线的外包皮上标注为"cat5"，字母通常是小写。如果是改进版，则按"*E"进行标注，如超5类线就标注为"5E"，如图2-21所示。

3）光缆。局域网工程中用到的光纤一般是多模光纤，点到点光纤传输系统是通过光缆进行连接。光缆可分为室内与室外、双芯与多芯多种类型。基于避免断芯以及扩展的需求，人们在实际使用时会更多地选用多芯产品，因此室内光缆至少4芯一根，室外至少是6芯一根。

① 室内多模光缆。室内光缆并不是芯数越多越好，芯数多意味着横截面积大，不利于穿过线槽，所以4芯较为适中，大小差不多像一条双绞线，如图2-22所示。

② 室外多模光缆。室外光缆主要用于建筑群之间的干道传输，因此在外包装上要有特

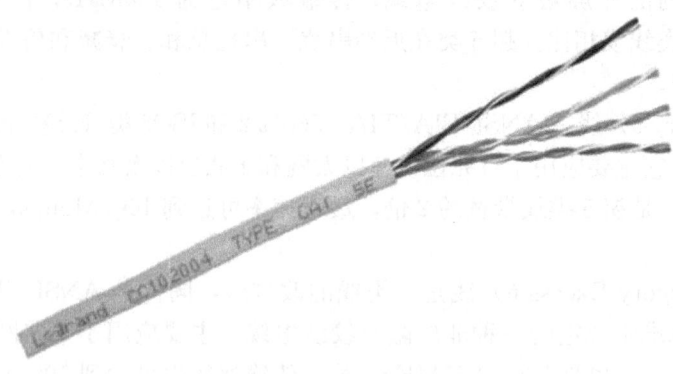

图 2-21　超 5 类非屏蔽双绞线标注

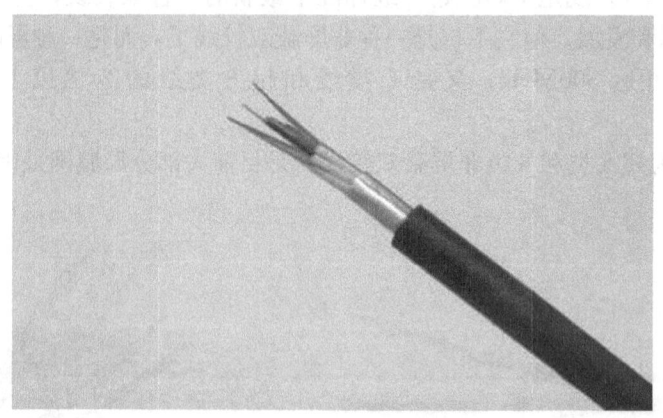

图 2-22　室内 4 芯多模光缆

殊的要求。这种光缆的结构采用阻水带纵包防止光缆的纵向渗水，两根平行钢丝保证光缆的抗拉强度，保护层较厚重，通常为铠装（即金属皮包裹），图 2-23 所示为室外多模光缆结构。这种结构使得室外光缆耐拉、耐压、耐晒，而且芯数越多越好。

图 2-23　室外多模光缆结构

（4）局域网接口类型

1）同轴电缆接口（AUI、BNC）。AUI（Attachment Unit Interface）端口是用来与同轴粗缆连接的接口，它是一种 D 形 15 针接口，如图 2-24 所示。这在令牌环网或总线型网络中是一种比较常见的端口之一。

BNC 接口是 10Base2 的接头，即同轴细缆接头，如图 2-25 所示，全称是 Bayonet Nut

项目2 网络设备认识与网络线缆的制作 | 49

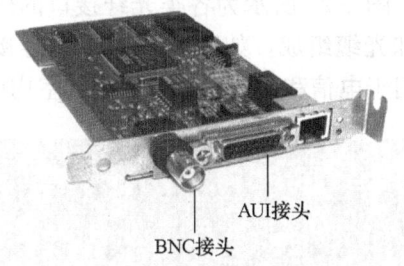

图 2-24 AUI 接头

Connector（刺刀螺母连接器，这个名称形象地描述了这种接头外形），又称为 British Naval Connector。

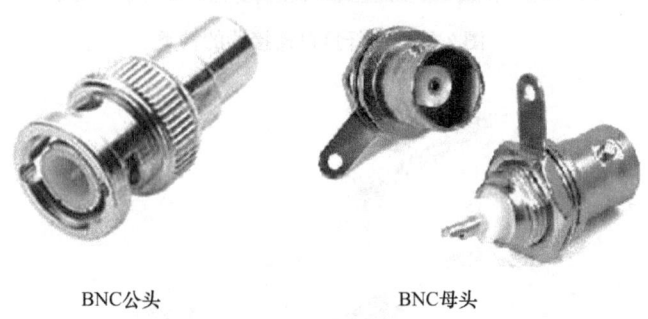

图 2-25 BNC 接头

2）双绞线接口（RJ-45）。RJ-45 型网线插头又称水晶头，共由 8 芯做成，广泛应用于局域网和宽带上网用户的网络设备间网线的连接。在具体应用时，RJ-45 现行的接线标准有 T568A 线序和 T568B 线序两种，如图 2-26 所示。

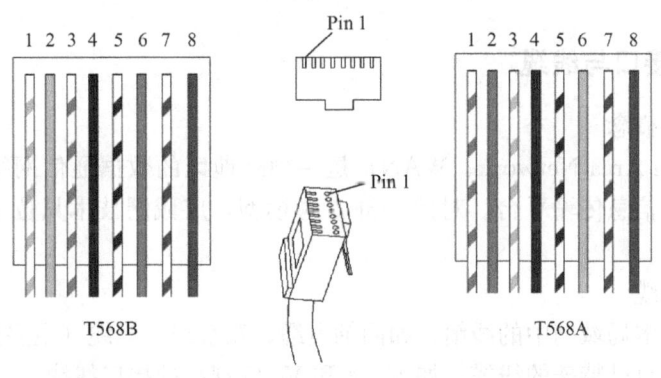

图 2-26 RJ-45 水晶头

3）光纤接口（ST、SC、FC、MTRJ）。ST、SC、FC 光纤接头是早期不同企业开发形成的标准，使用效果一样，各有优缺点。ST、SC 连接器接头常用于一般网络。ST 头插入后旋转半周有一卡口固定，缺点是容易折断；SC 连接头可直接插拔，使用很方便，缺点是容易掉出来；FC 连接头一般是电信网络采用，由一个螺母拧到适配器上，优点是牢靠，防灰尘，缺点是安装时间稍长，图 2-27 所示为各类光纤接口的外形。MTRJ 型光纤跳线由两个高精度塑胶成型的连接器和光缆组成，如图 2-28 所示。连接器外部件为精密塑胶件，包含推拉式插拔卡紧机构，适用于电信和数据网络系统中的室内应用。

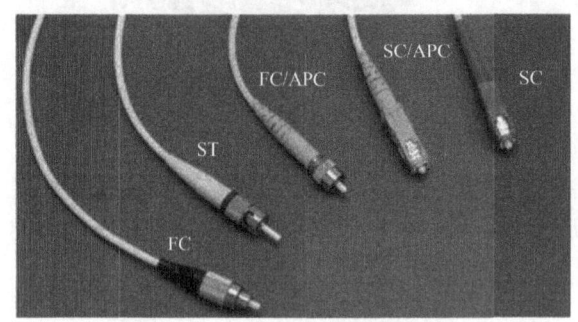

图 2-27　光纤接口连接器的种类

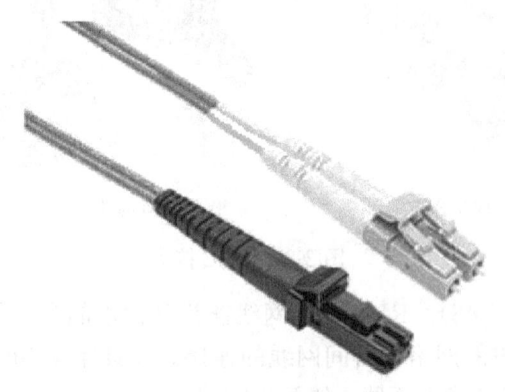

图 2-28　MTRJ 型光纤跳线

2.2.2　广域网接口与线缆

（1）广域网的概念

广域网（Wide Area Network，WAN）是一种跨地区的数据通信网络，使用电信运营商提供的设备作为信息传输平台。对照 OSI 参考模型，广域网技术只位于物理层、数据链路层、网络层。

（2）广域网线缆

广域网使用很多局域网中的线缆，如同轴电缆、双绞线、光缆（主要是单模光纤）等线缆。广域网也使用自己特殊的线缆，如 V.24 和 V.35 规程的接口线缆。

（3）广域网接口类型

1）窄带广域网常见接口。

E1：速率范围为 64kbit/s～2Mbit/s，采用 RJ-45 和 BNC 两种接头。

V.24：路由器端为 DB50 接头，外接网络端为 25 针接头。

V.35：路由器端为 DB50 接头，外接网络端为 34 针接头。

BRI：使用 RJ-45 或 BNC 接口。接口规程定制的带宽为 2B+D，共 128kHz。
PRI：使用 RJ-45 或 BNC 接口。提供的总带宽为 30B+D，共 2048kHz。
2) 宽带广域网常见接口。
ATM：使用 LC 或 SC 等光纤接口，常见带宽有 155MHz、622MHz 等。
POS：使用 LC 或 SC 等光纤接口，常见带宽有 155MHz、622MHz、2.5GHz 等。

2.2.3 逻辑接口

逻辑接口指能够实现数据交换功能但物理上不存在，需要通过配置建立的接口，包括 Dialer（拨号）接口、子接口、Loopback 接口、NULL 接口、备份中心逻辑通道以及虚拟模板接口等。其中 Loopback 接口是应用最为广泛的一种虚接口，几乎在每台路由器上都会使用。

（1）Loopback 接口

Loopback 常见的用途有如下三种：

1) 使用该接口地址作为一台路由的管理地址。

系统管理员完成网络规划之后，为了方便管理，会为每一台路由器创建一个 Loopback 接口，并在该接口上单独指定一个 IP 地址作为管理地址，管理员会使用该地址对路由器远程登录，该地址实际上起到了类似设备名称的功能。

通常每台路由器上存在众多接口和地址，为何不从当中挑选一个作为管理地址呢？原因很简单，普通的路由接口会出现物理或逻辑上的故障，这对于远程登录来说是绝对不允许的。而 Loopback 虚接口恰好能够满足远程登录的需求，为了节约地址资源，Loopback 接口地址通常指定为 32bit 掩码。

2) 使用该接口地址作为动态路由协议 OSPF、BGP 的 Router-id。

动态路由协议 OSPF、BGP 在运行过程中需要为该协议指定一个 Router-id，作为此路由器的唯一标识，并要求在整个自治系统内唯一。由于 Router-id 是一个 32bit 的无符号整数，这一点与 IP 地址十分相像。而且 IP 地址是不会出现重复现象的，所以通常将路由器的 Router-id 指定为与该设备上的某个接口的地址相同。由于 Loopback 接口的 IP 地址通常被视为路由器的标识，所以也就成了 Router-id 的最佳选择。

3) 使用该接口地址作为 BGP 建立 TCP 连接的源地址。

在 BGP 中，两个运行 BGP 的路由器之间建立邻居关系是通过 TCP 建立连接完成的。在配置邻居时通常指定 Loopback 接口为建立 TCP 连接的源地址（通常只用于 IBGP，原因也是为了增强 TCP 连接的健壮性）。

（2）子接口

常见的子接口有以下 3 种：

1) VLAN 子接口（802.1Q 子接口）：通过 802.1Q tag 中的 VLAN ID 来区分不同的子接口。

2) E1 通道化子接口：在 controller 模式下先定义几个逻辑子接口，然后向子接口中添加相应的 timeslots，也就是说，根据不同的时隙，就可以区分不同的子接口。

3) ATM、FrameRelay PVC 子接口：每条 PVC 对应一个子接口，在 ATM 网络中，不

同的 PVC 通过 VPI/VCI 来区分，在 FrameRelay 网络中，不同的 PVC 通过 DLCI 来区分。

技能训练：双绞线的制作

训练标准：
1) 认识水晶头、双绞线，学会使用压线钳、测线仪等工具。
2) 了解 T568A 和 T568B 标准、直通线和交叉线的区别和使用环境。
3) 掌握 T568B 标准线序的排列顺序，掌握双绞线上压制 RJ－45 接头的制作方法。
4) 掌握利用测线仪对线缆进行测试的方法。

训练条件：
RJ-45 水晶头、双绞线、压线钳、测线仪、网卡。

训练步骤：
（一）认识材料和工具
本实训所用的材料和工具如图 2-29 所示。
1) 双绞线：一根超 5 类双绞线（未接水晶头）。
2) RJ-45 水晶头。
3) 压线钳。
4) 测线仪。

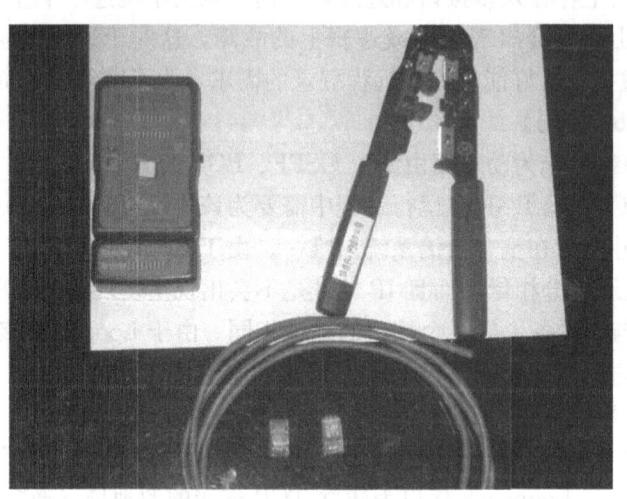

图 2-29　材料与工具准备

（二）认识接线标准与连接方式

双绞线的制作方式有两种国际标准，分别为 EIA/TIA568A 以及 EIA/TIA568B，如表 2-1 所示。而双绞线的连接方法也主要有两种，分别为直通线缆以及交叉线缆。简单地说，直通线缆就是水晶头两端都同时采用 T568A 标准或者 T568B 的接法，而交叉线缆则是水晶头一端采用 T586A 标准制作，而另一端则采用 T568B 标准制作。

原则上同类设备相连用交叉线，不同类设备相连用直通线，现在很多网络设备接口支持信号自动翻转，故大部分接口连接使用直通连接法。

项目2 网络设备认识与网络线缆的制作 | 53

表2-1 **T568A 和 T568B 线序**

引针号	1	2	3	4	5	6	7	8
T568B	白橙	橙	白绿	蓝	白蓝	绿	白棕	棕
T568A	白绿	绿	白橙	蓝	白蓝	橙	白棕	棕

（三）网线的制作

1）剪线：根据需要，剪取适当长度的双绞线。

2）剥皮：左手拿网线，右手拿网线钳，如图2-30所示。然后把网线放入网线钳下部的一个圆槽中，慢慢转动网线和网线钳，把网线的绝缘皮割开。注意此过程中用力要恰到好处，过轻则剪不断绝缘皮，过重则会把里面的网线剪断。那网线该剪多长呢？过长则浪费线，过短则待会排线的时候比较困难，一般建议剪1.5~2.5cm。剥开绝缘皮后，大家就能看到里面的网线。

图2-30 剥线（剥绝缘皮）

剥开外皮的网线是由8根铜线两两绞合在一起组成的，所以网线一般被称为双绞线。颜色比较深的几根线分别是橙色、绿色、蓝色和棕色，剩下的是四根有花纹的白线，分为橙白、绿白、蓝白、棕白，如图2-31所示。

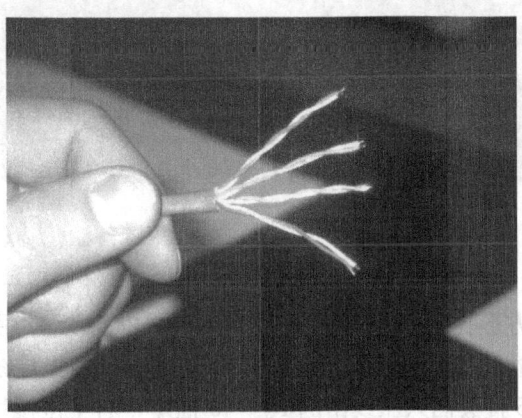

图2-31 剥线后的网线

3)排线:按照T568的顺序把网线一根根排列起来,如图2-32所示。

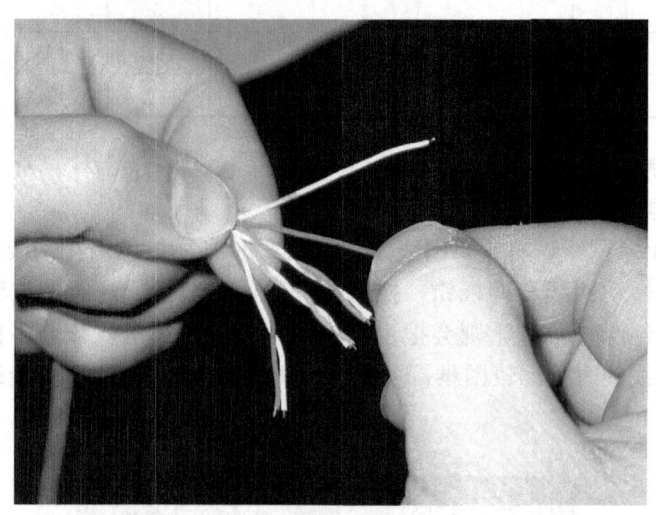

图 2-32 排线

4)剪线:剪线的过程中要注意安全,将平行排列整齐的8根线用剪刀口将前端修齐,如图2-33所示,裸露在外面的部分建议留1~1.5cm。如果这部分留得太长,绝缘皮就不能进入水晶头,网线就是松的,不仅不美观,而且会因为晃来晃去,使得数据传输不稳定;如果留得太短,则网线有可能接触不到弹簧片,造成网线不通。

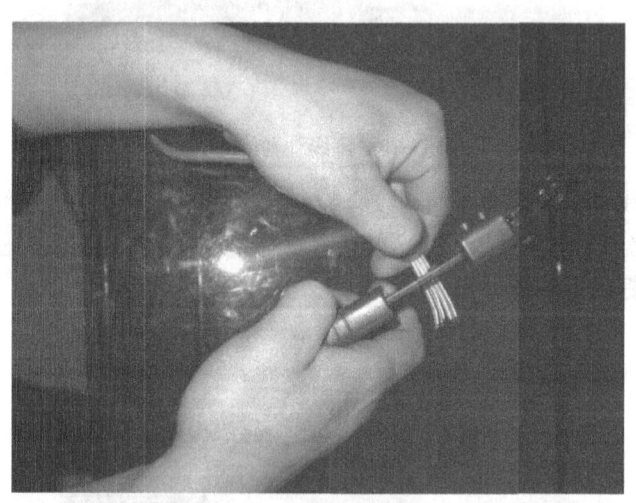

图 2-33 剪线

5)插线:剪断线后,左手不要松开,右手拿水晶头,将水晶头有塑料弹片的一面向下,有针脚的一面向上,有方形孔的一端对着自己。按图2-34所示,用力均匀地把网线慢慢放入水晶头内。注意:要插到底,直到另一端可以清楚地看到每根导线的铜芯为止。

6)压线:将RJ-45接头插入压线钳的RJ-45插座,右手慢慢用力,把弹簧片压紧,如图2-35所示。建议压完一次后,退出水晶头,重新插入,再压一次,压线过程中注意安全。

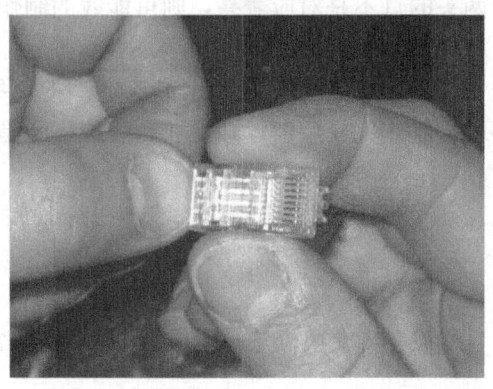

图 2-34 插线

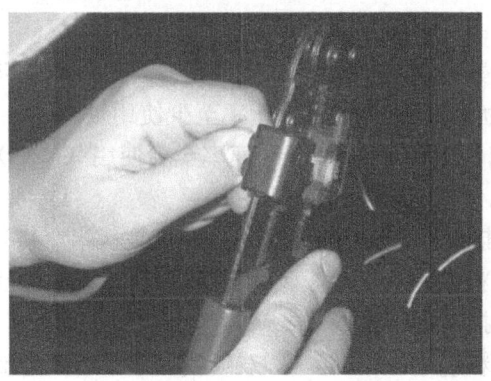

图 2-35 压线

(四) 网线的测试

把网线的一端插入测线仪的 TX 端,另一端放到 RX 端,或者放到 Remote 端,如图 2-36 所示。打开网线测线仪的开关,如果在自动档,那么两端的红灯会从 1 相应地亮到 8。如果在手动档,按中间的白色按钮,灯会一个对应一个地亮。

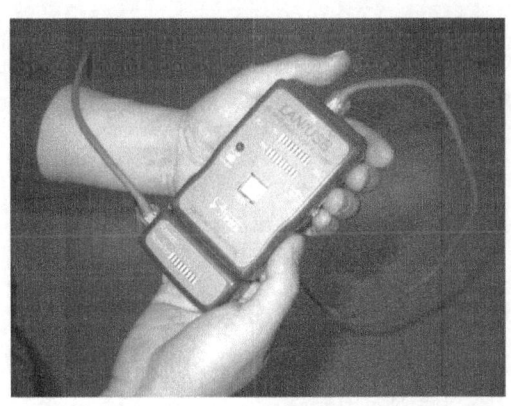

图 2-36 测线

如果有灯不亮，或者两头的灯不是对应着亮，则可能线的制作出错。

（五）学生训练

两名同学为一小组，分发一条双绞线、2个水晶头、一把压线钳，两名同学以 T568B 为标准分别制作直通线一端。制作完成后由教师发放测线仪检测是否成功。

理 论 训 练

不定项选择题：

1. 集线器是一个（　　）设备，交换机是一种（　　）设备，常用的网卡是一种（　　）设备。
   A. 单工　　　　B. 半双工　　　　C. 全双工　　　　D. 以上都不对

2. 集线器工作在（　　），网卡工作在（　　），交换机工作在（　　），路由器工作在（　　）。
   A. 物理层　　　B. 数据链路层　　C. 网络层　　　　D. 传输层

3. 在双绞线网络中为了达到10Mbit/s速率至少使用（　　）类线，达到100Mbit/s速率至少使用（　　）类线，达到1000Mbit/s速率至少使用（　　）类线。
   A. 3　　　　　B. 4　　　　　　C. 5　　　　　　D. 6

4. 100Base-FX标准规定了使用的传输介质应该是（　　）。
   A. 细缆　　　　B. 粗缆　　　　　C. 双绞线　　　　D. 光纤

5. 网卡上的RJ-45接口用于连接（　　）。
   A. 细缆　　　　B. 粗缆　　　　　C. 双绞线　　　　D. 光纤

6. 以下关于冲突域和广播域的说法中，错误的是（　　）。
   A. 集线器的所有端口连接组成的整个网络，属于同一个冲突域和广播域
   B. 交换机的不同端口属于不同的广播域
   C. 交换机的不同端口属于不同的冲突域，因为交换机可以隔离冲突域
   D. 利用路由器可以隔离广播域

项目 3　以太网交换机基础配置与管理

教学目标

知识教学目标	技能培养目标
● 了解以太网的帧结构 ● 了解以太网的寻址过程 ● 掌握交换机的工作原理及性能指标 ● 掌握交换机带内管理和带外管理 ● 掌握交换机的配置模式	● 能够通过 Console 口管理交换机 ● 能够通过 Telnet 远程管理交换机 ● 可以对交换机进行基础配置

项目引入：省时、便捷的网络管理方式

某单位 A 要进行网络升级改造，购置了一批全新的网络设备，其中交换机的数量最多，这些新的交换机将分布在各楼层、各片区。网络中心的管理员负责这些设备的安装、调试以及日后的管理和维护。面对数量众多且物理位置相距较远的交换机，该如何进行省时、便捷的网络管理呢？

相关知识

交换机是网络中除终端计算机外使用数量最多、分布范围最广的网络设备，特别是像 A 单位这种比较大型的内部网络，交换机的维护管理工作更是频繁。如果每台交换机都需要人工到现场进行配置管理，网管人员的工作量就会非常大，而当交换机出现故障时，更不能及时排除。实际上，可以使用远程登录的方式对交换机进行远程管理，也就是交换机的带内管理。只要在交换机上把带内管理模式配置好，网管人员只需坐在控制机房，通过远程登录就可以对遍布各个角落的交换机进行管理配置了。

3.1　以太网基础

以太网（Ethernet）不是一种具体的网络，而是一种计算机局域网组网技术规范。

IEEE 制定的 IEEE 802.3 标准给出了以太网的技术标准。它规定了包括物理层的连线、电信号和介质访问层协议的内容。以太网是当前应用最普遍的局域网技术，它很大程度上取代了其他局域网标准，如令牌环网（Token Ring）、FDDI 和 ARCNET。

3.1.1 以太网的相关标准

电气和电子工程师协会（Institute of Electrical and Electronics Engineers，IEEE）在1980年2月组成了一个802委员会，指定了一系列局域网方面的标准，其中802.3协议族主要涉及以太网标准。

IEEE802.3 为 CSMA/CD 访问控制方法与物理层规范。

IEEE802.3i 为 10Base-T 访问控制方法与物理层规范。

IEEE802.3u 为 100Base-T 访问控制方法与物理层规范。

IEEE802.3ab 为 1000Base-T 访问控制方法与物理层规范。

IEEE802.3z 为 1000Base-SX 和 1000Base-LX 访问控制方法与物理层规范。

IEEE802.3z 为 1000Base-SX 和 1000Base-LX 访问控制方法与物理层规范。

IEEE802.3ae 为 10G 以太网标准。

通常所说的以太网主要是指以下5种以太网技术。

(1) 10M 以太网

10M 以太网主要采用同轴电缆作为传输介质，传输速率达到 10Mbit/s，遵循 IEEE802.3 标准，采用总线拓扑结构，只能工作在半双工模式。

10BASE5（又称粗缆（Thick Ethernet）或黄色电缆）是最早实现 10Mbit/s 以太网的 IEEE 标准，使用单根 RG-11 同轴电缆，最长传输距离为 500m，最多可以连接 100 台计算机的收发器，而缆线两端必须接上 50Ω 的终端电阻。接收端通过"插入式分接头"插入电缆的内芯和屏蔽层，在电缆终结处使用 N 型连接器。尽管现在还有一些系统在使用这个标准，但更多系统会采用升级版本 10BASE2。

10BASE2 使用 RG-58 同轴电缆，最长传输距离约 200m，仅能连接 30 台计算机，计算机使用 T 型适配器连接到带有 BNC 连接器的网卡，连接线路两头需要接上 50Ω 的终端电阻。10BASE2 虽然在传输距离、终端容量上不及 10BASE5，但因其具有线材较轻、方便布线和成本低的优点，而得到了更广泛的使用。后因双绞线的普及，它也逐渐被各式的双绞线网络所取代。

StarLAN 为第一个利用双绞线实现的 10Mbit/s 的以太网标准，后发展成 10BASE-T。

10BASE-T 采用 3 类、4 类和 5 类双绞线作为传输介质，最长传输距离为 100m，采用以太网集线器或以太网交换机连接所有节点。

FOIRL 采用光纤中继器链路，是光纤以太网原始版本。

10BASE-F 是 10Mbit/s 以太网光纤标准的通称，最长传输距离为 2km。

(2) 100M 以太网（快速以太网）

100M 以太网又称为快速以太网，它是为了提高局域网的传输速率提出来的，主要采用双绞线和光纤作为传输介质，采用星形和树形拓扑结构，传输速率达到 100Mbit/s，遵循 IEEE802.3u 标准，可以工作在半双工和全双工模式。

100BASE-T 包含下面 3 个 100Mbit/s 双绞线标准，最长传输距离为 100m。

100BASE-TX 类似于星形结构的 10BASE-T，使用 2 对电缆，需要 5 类双绞线以达到 100Mbit/s 的速率。

100BASE-T4 需用 3 类双绞线，使用 4 对线缆，支持半双工传输模式。由于 5 类双绞线普及，该标准现已废弃。

100BASE-T2无产品。使用3类双绞线，支持全双工传输模式，使用2对线缆，功能等效100BASE-TX，并支持旧电缆。

100BASE-FX使用多模光纤，支持最远传输距离为400m的半双工连接（保证冲突检测），还支持最长传输距离为2km的全双工传输模式。

(3) 1000M以太网（千兆以太网）

1000M以太网又称为千兆以太网或吉比特以太网，采用光缆或屏蔽双绞线作为传输介质，传输速率达到1000Mbit/s（1Gbit/s），采用星形和树形拓扑结构，可以工作在半双工和全双工模式，遵循IEEE802.3z标准。

1000BASE-CX是早于1000BASE-T标准制定、利用铜缆达到1Gbit/s的短距离（小于25m）方案，现已废弃。

1000BASE-T规定传输介质为超5类双绞线或6类双绞线；1000BASE-SX规定传输介质为多模光纤，传输距离小于500m；1000BASE-LX规定传输介质为多模光纤，传输距离小于2km；1000BASE-LX10规定的传输介质变为单模光纤，传输距离为10km；1000BASE-ZX方案仍采用单模光纤作为传输介质，传输距离为40~70km。

(4) 10000M以太网（万兆以太网）

10000M以太网遵循IEEE802.3ae标准，其数据传输速率达到10000Mbit/s（10Gbit/s）。主要标准如下：

10GBASE-CX4为短距离铜缆方案，采用InfiniBand 4x连接器和CX4电缆，最长传输距离为15m。

10GBASE-SR使用短距离多模光纤，当采用不同电缆类型时，传输距离能达到26~82m。当使用新型2GHz多模光纤时，传输距离可以达到300m。

10GBASE-LX4使用波分复用技术，支持多模光纤，能达到240~300m的传输距离。单模光纤情况下，传输距离超过10km。

10GBASE-LR和10GBASE-ER通过单模光纤分别支持10km和40km的传输距离。

10GBASE-SW、10GBASE-LW、10GBASE-E用于广域网PHY、OC-192/STM-64同步光纤网/SDH设备。

10GBASE-T使用屏蔽或非屏蔽双绞线，使用CAT-6A类线至少支持100m传输。

(5) 100G以太网

新的40G/100G以太网标准在2010年制定完成，使用附加标准IEEE802.3ba来说明。

40GBASE-KR4采用背板方案，最短距离1m；40GBASE-CR4/100GBASE-CR10采用短距离铜缆方案，最大长度大约7m；40GBASE-SR4/100GBASE-SR10采用短距离多模光纤，长度至少在100m以上；40GBASE-LR4/100GBASE-LR10使用单模光纤，距离超过10km；100GBASE-ER4使用单模光纤，距离超过40km。

3.1.2 以太网的工作原理和帧结构

(1) 以太网的工作原理

传统的以太网采用共享信道的方法，即多台主机共享一个信道进行数据传输。为了解决多个计算机的信道共用问题,以太网采用 IEEE802.3 标准规定了 CSMA/CD(载波监听多路访问/冲突检测)协议,它是控制多个用户共用一条信道的协议。CSMA/CD 协议的工作原理是:当一个节点要发送数据时,首先监听信道;如果信道空闲就发送数据,并继续监听;如果在数据发送过程中监听到了冲突,则立刻停止数据发送,等待一段随机的时间后,重新开始尝试发送数据。具体工作过程如下:

1)载波监听(先听后发):使用 CSMA/CD 协议时,总线上各个节点都在监听总线,即检测总线上是否有别的节点发送数据。如果发现总线是空闲的,即没有检测到有信号正在传送,即可立即发送数据;如果监听到总线忙,即检测到总线上有数据正在传送,这时节点要持续等待直到监听到总线空闲时才能将数据发送出去,或等待一个随机时间,再重新监听总线,一直到总线空闲再发送数据。载波监听也称为先听后发。

2)冲突检测:当两个或两个以上的节点同时监听到总线空闲,开始发送数据时,就会发生碰撞冲突。另外,传输延迟可能会使第一个节点发送的数据还没有到达目标节点时,另一个要发送数据的节点就已经监听到总线空闲,并开始发送数据,这也会导致冲突的产生。当两个帧发生冲突时,两个传输的帧就会被破坏,被损坏的帧继续传输毫无意义,而且信道无法被其他节点使用,对于有限的信道来讲,这是很大的浪费。如果每个发送节点边发送边监听,并在监听到冲突之后立即停止发送,就可以提高信道的利用率。当节点检测到发生冲突时,就立即取消传输数据,随后发送一个短的干扰信号,即一较强冲突信号,告诉网络上所有的节点,总线已经发生了冲突。在阻塞信号发送后,等待一个随机时间,然后再将要发的数据发送一次。如果还有冲突,则重复监听、等待和重传操作。

CSMA/CD 采用用户访问总线时间不确定的随机竞争方式,具有结构简单、轻负载时时延小等特点,但当网络通信负载增大时,由于冲突增多,网络吞吐率下降,传输延迟增长,网络性能会明显下降。

(2)以太网帧结构

以太网帧是 OSI 参考模型数据链路层的封装,网络层的数据包被加上帧头和帧尾,构成可由数据链路层识别的数据帧,以太网标准帧结构如图 3-1 所示。虽然帧头和帧尾所用的字节数是固定不变的,但根据被封装数据包大小的不同,以太网帧的长度也随之变化,变化的范围是 64~1518B(不包括 8B 的前导符)。

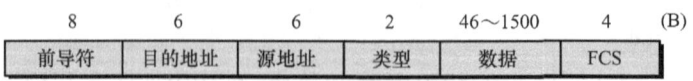

图 3-1　IEEE802.3 以太网标准帧结构

各个字段内容如下:

1)前导符:它由 7B 的前导同步码和 1B 的帧起始定界符构成。前导同步码有 7B(56bit)交替出现的 1 和 0,它的作用是提醒接收系统有帧的到来;帧起始定界符用 1B(10101011)作为帧开始的信号,表示一帧的开始。

2)目的地址(DA):它说明了目的站的 MAC(Medium/Media Access Control)地址,共 6 个字节,可以是单址(代表单个站)、多址(代表一组站)或全地址(代表局域网上的所有站)。当目的地址出现多址时,即代表该帧被一组站点同时接收,称为"组播"(Multicast)。当目的地址出现全地址时,即表示该帧被局域网上所有站点同时接收,称为"广播"(Broadcast)。通常以 DA 的最高位来判断地址的类型,若最高位为"0"则表示单址,为"1"则表示多址或全地址,全地址时 DA 字段为全"1"代码。

3)源地址(SA):它说明发送该帧站的 MAC 地址,与目的地址字段一样占 6 个字节。

4)数据(DATA):它的范围处在 46~1500B 之间。数据字段最小长度 46B 是一个限制,目的是要求局域网上所有的站点都能检测到该帧,即保证网络工作正常。如果数据字段小于 46B,则发送站数据链路层会自动填充"0"代码补齐。

5)帧检验序列(FCS):它处在帧尾,共占 4 个字节,是 32bit 冗余检验码(CRC),检验除前导符号和 FCS 以外的内容,即从 DA 开始至 DATA 部分的 CRC 检验结果都反映在 FCS 中。当发送站发出帧时,一边发送,一边逐位进行 CRC 检验。最后形成一个 32bit CRC 检验和,填写在帧尾 FCS 位置中一起在介质上传输。接收站接收后,从 DA 开始同样边接收边逐位进行 CRC 检验。若最后接收站形成的检验和与帧的检验和相同,则表示介质上传输的帧未被破坏。反之,接收站认为帧被破坏,则会通过一定的机制要求发送站重发该帧。

3.1.3 MAC 地址

在以太网中,每一个网络中的主机都有一个硬件地址,这个硬件地址又称为物理地址或 MAC 地址。IEEE802.3 标准为局域网规定了一种 48bit 的地址,局域网的每台计算机都在网卡中固化了这个 MAC 地址,用以表示局域网内不同的计算机。MAC 地址有 48bit,它可以转换成 12 位的十六进制数,如 00-50-56-C0-00-08。

MAC 地址分为两部分:生产商 ID 和设备 ID。前 3 个字节(高位 24bit)是由 IEEE 的注册管理机构负责给不同厂家分配的代码,也称为"编制上唯一的标识符(Organizationally Unique Identifier)",后 3 个字节(低位 24bit)由各厂家自行指派给生产的适配器接口,称为扩展标识符(唯一性)。

在 Windows 系统中,可以利用 ipconfig/all 命令检测本地 MAC 地址,如图 3-2 所示。

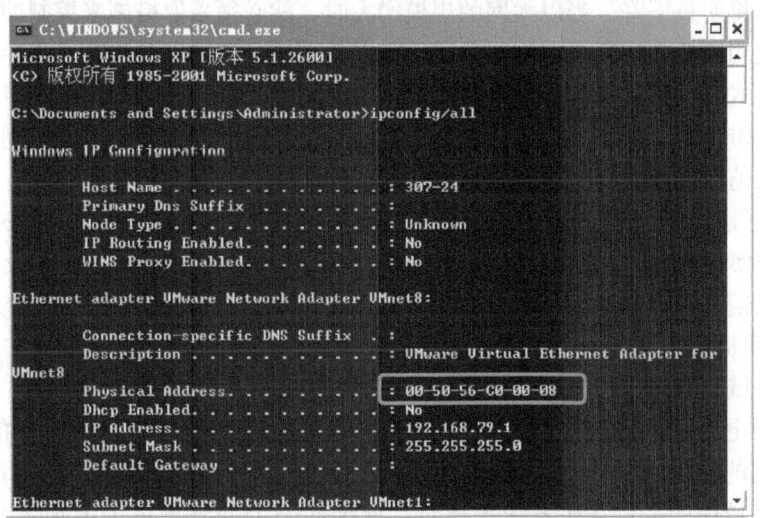

图 3-2 利用 ipconfig 命令检测 MAC 地址

3.2 交换机概述

3.2.1 交换网络产生的背景

以太网经历了从单工到双工、从共享到交换、从低速到高速、从昂贵到普及的发展过程。

(1) 带宽共享式以太网络

早期的以太局域网最早采用总线型拓扑结构,使用同轴电缆(细缆或粗缆)作为公用总线来连接其他节点。其中一个节点是网络服务器,提供资源共享服务,其余节点是网络的工作站。

共享式以太网采用广播方式通信,总线长度和工作站数目都是有限制的,一般为30台左右。总线型结构网络连接的可靠性较差,只要有一台工作站连接处的T型头出现连接故障,就会造成整个网络瘫痪。

(2) 星形结构的共享式以太网

总线结构的网络连接可靠性差,之后逐渐被使用集线器和双绞线以星形结构组网的方式所取代。利用多台集线器级联或堆叠组网,曾是局域网很流行的组网方式。

集线器是一种多端口的中继器,可共享带宽,工作在物理层,属于物理层设备,是星形拓扑结构的接线点,安装连接好网线,通上电源之后即可工作,不需要特殊的配置。

带宽共享式以太网遵循载波侦听多路访问/冲突检测协议(CSMA/CD),工作在半双工通信方式,所有主机均在同一个冲突域中。随着集线器连接的主机数目增多,集线器的信息碰撞(冲突)几率就会显著提高,从而导致集线器的工作效率变差、速率降低。

(3) 交换式以太网

冲突是影响以太网性能的重要因素,由于冲突的存在使得传统的以太网在负载超过40%时,效率将明显下降。当以太网的规模增大时,就必须采取措施来控制冲突的扩散。通常的办法是使用网桥和交换机将网络分段,将一个大的冲突域划分为若干小冲突域。在这种背景下,交换式以太网技术应运而生。一般来讲,网段规模越小,即网段内节点数越少,每个节点的平均带宽相对越高。在极端情况下,若每个网段只含有一个节点,则该节点占用的带宽达到最大值,即由共享带宽变为独享带宽。

使用交换技术而形成的交换式以太网有效解决了网络的带宽问题,其核心设备是交换机(Switch),交换机拥有一个共享内存交换矩阵,将LAN分为多个独立的网段,允许同时建立多对收、发信道进行信息传输,摆脱了CSMA/CD的约束。图3-3所示为共享型集线器(Hub)与交换机的区别。

(4) 冲突域与广播域的概念

使用同轴电缆以总线结构或用集线器以星形结构组建的局域网,其上的所有节点同处于一个共同的冲突域,一个冲突域内不同设备同时发出数据帧就会产生冲突,导致发送失败。冲突域内的一台主机发送数据时,处于同一个冲突域内的其他主机都可以接收到,而且也只能接收数据,不能发送数据。当主机太多时,冲突将成倍增加,带宽和速

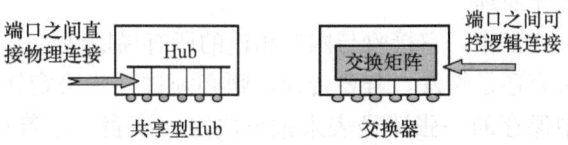

图 3-3　共享型集线器与交换机的区别

度将显著下降。

广播域是指广播帧所能到达的范围。连接在多个级联在一起的集线器上的所有主机，构成了一个冲突域，同时也构成了一个广播域，此时冲突域和广播域的范围是相同的。而交换机的每一个端口构成一个冲突域，对于连接在一个没有划分 VLAN 的交换机不同端口上的主机分属于不同的冲突域，但都属于同一个广播域。

3.2.2　网桥的工作原理

（1）利用网桥隔离冲突域

用集线器构建的局域网属于同一个冲突域，随着用户数量的增多，冲突会成倍提高，带宽利用率也将显著降低。为了隔离冲突域，出现了桥接技术。

利用网桥可以将两个或多个共享式以太网段连接起来，位于网桥两边的以太网段分属于不同的冲突域，但仍都处于同一个广播域中，如图 3-4 所示。

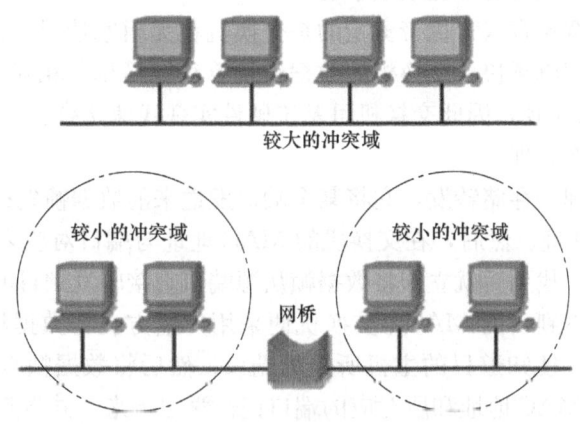

图 3-4　利用网桥隔离冲突域

（2）网桥的分类

IEEE 802 委员会制定了两种互不兼容的网桥方案用于互联局域网，分别是透明网桥和源路由选择网桥。以太网和令牌总线网采用透明网桥，令牌环网通常使用源路由选择网桥。

透明网桥使用比较方便，即连即用，不需要改变现有局域网的硬软件配置，也不需要添加或设置路由选择表和参数，可以透明地在局域网之间转发帧。所谓透明，是指局域网间可自由通信，网桥对用户是不可见的，就好像没有这个设备一样。

(3) 透明网桥的工作原理

透明网桥以混杂方式工作，它接收与网桥相连的所有局域网传送的每一帧。当一帧到达时，网桥必须决定是丢弃还是转发，若要转发，则必须进一步决定转发到哪一个局域网中。这需要通过查询网桥中保存的一张路径表来做出决定，该表保存着目的地址和对应的输出路径。

网桥具有逆向学习功能，当网桥刚开始工作时，路径表是空的，但可通过逆向学习法来获知路径并逐步建立起路径表。逆向学习是指网桥通过检查收到帧的源地址及输入路径（从中可获得地址与路径的对应关系），从而找到目的站及其输出路径的方法。

3.2.3 交换机的工作原理

(1) 交换机简介

网桥的一个端口所连接的网络属于一个冲突域，因此利用网桥来连接和组建局域网可缩小冲突域的范围，减少碰撞冲突的几率，提高网络通信的速度和效率。

网桥端口较少，于是诞生了交换机设备。最早的以太网交换机出现在1995年，交换机的前身是网桥，相当于是一个多端口的网桥。交换机的任意两个端口就相当于是一个两端口的网桥。

交换机拥有一条高带宽的背板总线和内部交换矩阵，并为每个端口设立了独立的通道和带宽，交换机的所有端口都挂接在这条背板总线上，通过内部交换矩阵可实现高速的数据转发，因此交换机每一个端口的带宽是独享的。

交换机的背板带宽越宽（背板带宽指的是交换机在无阻塞情况下的最大交换能力），交换机的处理和交换速度就越快。交换机的数据转发算法较简单（相对于路由算法），可基于硬件（ASIC 芯片）来实现，因此交换机可基于硬件实现线速交换。

(2) 交换机的工作原理

交换机的工作原理是存储转发，它将某个端口发送来的数据帧先存储下来，通过解析数据帧获得目的 MAC 地址。然后，在交换机的 MAC 地址与端口对应表中检索该目的主机所连接到的交换机端口，找到后就立即将数据帧从源端口直接转发到目的端口。

若在地址表中找不到目的 MAC，交换机便采用广播方式将数据帧广播到所有的端口，接收到端口的回应后，便知道目的主机所连的端口，然后将数据帧直接转发给该端口。同时，交换机还会将该 MAC 地址和所对应的端口记忆学习下来，并将其添加到内部的地址表中，以后若要向该目的地址发送信息就可直接转发了。由此可见，交换机对目的地址具有记忆学习功能，是一种智能化的设备。当将主机连入交换机后，交换机即开始了对该地址的学习，并将学习到的 MAC 地址与端口对应关系保存在交换机的 MAC 地址表中。MAC 地址表具有衰老期，以便及时更新 MAC 地址表。

3.2.4 交换机的主要技术参数

局域网交换机是组成网络系统的核心设备。对用户而言，局域网交换机最主要的指标是转发方式、背板带宽、包转发速率、MAC 地址表大小、延时、VLAN 支持和管理功能等。下面对交换机的主要技术参数进行介绍。

(1) 转发方式

转发方式分为直通转发、存储转发和无碎片转发 3 种。由于不同的转发方式适用于不同的网络环境，因此应当根据应用的需要进行选择。

(2) 背板带宽

由于所有端口间的通信都需要通过背板完成，所以背板带宽标志着交换机总的数据交换能力。背板带宽越高，负载数据转发的能力越强。在以背板总线为交换通道的交换机中，任何端口接收的数据，都将放到总线上并由总线传递给目标端口，这种情况下背板带宽就是总线的带宽。模块化的交换机一般采用交换矩阵，此时背板带宽实际上指的是交换矩阵的总吞吐量。

(3) 包转发速率

包转发速率又称为吞吐量，它体现了交换引擎的转发性能。目前，最流行的交换机称为线速交换。所谓线速交换，是指交换速度达到传输线路上的数据传输速度，能够最大限度消除交换瓶颈。实现线速交换的核心是 ASIC 技术，用硬件实现协议解析和包转发，而不是传统的软件处理方式。

(4) MAC 地址表大小

交换机能够记住连接到各端口设备的网卡的物理地址（即 MAC 地址），以便实现快速的数据转发。MAC 地址表越大，能够记住的设备物理地址越多，越便于快速转发。例如，地址空间为 2KB 的交换机，可以支持 2048 个 MAC 地址，也就是说，通过交换机端口连接其他 Hub 或交换机来扩展连接时，最多可连接 2048 个计算机或网络设备。

(5) 延时

交换机延时是指从交换机接收数据包到开始向目的端口复制数据包之间的时间间隔。延时越小，数据的传输速率越快，网络的效率也就越高。由于采用存储转发技术的交换机必须要等待完整的数据包接收完毕后才开始转发数据包，所以它的时延与所接收数据包的大小有关。数据包越大，则延时越长；反之，数据包越小，则延时越短。

(6) VLAN 支持

通过将局域网划分为多个虚拟局域网（Virtual Local Area Network，VLAN），可以减少不必要的数据广播。同时通过 VLAN 划分技术可以灵活地将网络按照管理功能划分成多个虚拟的网络，从而突破了地理位置的限制，增强了网络的灵活性和安全性。随着 VLAN 技术的广泛应用，交换机的 VLAN 支持能力也成为选购的重要性能参数。

(7) 管理功能

交换机的管理功能是指交换机如何控制用户访问交换机，以及用户对交换机的可视程度如何。通常，交换机厂商都提供管理软件或第三方管理软件远程管理交换机。一般的交换机满足 SNMP（简单网络管理协议）统计管理功能，而复杂一些的交换机会增加通过内置远端网络监控（Remote Network Monitoring，RMON）组来支持 RMON 主动监视功能，有的交换机还允许外界 RMON 监视可选端口的网络状况。

以上是交换机的主要性能技术参数。在选购交换机时，除了考虑上述性能参数以外，还要考虑交换机端口数、是否有级联端口、是否有端口聚合功能、是否有生成树协议、是否支持 QoS 以及交换机的可扩展性等因素。

3.3 交换机配置基础

3.3.1 交换机的带内管理和带外管理

交换机的管理方式可以分为带内管理和带外管理两种管理模式。

所谓带内管理，是指管理控制信息与数据业务信息通过同一个信道传输。使用带内管理，可以通过交换机的以太网端口对设备进行远程管理配置，目前使用的网络管理手段基本上都是带内管理。

所谓带外管理，是指网络的管理控制信息与用户数据业务信息在不同的信道传输。

带内管理和带外管理的最大区别在于，带内管理的管理控制信息占用业务带宽，其管理方式是通过网络来实施的，当网络中出现故障时，无论是数据传输还是管理控制都无法正常进行，这是带内管理最大的缺陷；而带外管理是设备为管理控制提供了专门的带宽，不占用设备的原有网络资源，不依托于设备自身的操作系统和网络接口。

从交换机的访问方式来说，通过 Telnet、Web、SNMP 方式对交换机进行远程管理都属于带内管理，而通过交换机的 Console 口对它进行管理的方式则属于带外管理。

(1) 通过 Console 端口配置（带外管理）

1) Console 口简介。交换机和路由器一般都提供一个名为 Console 的控制台端口（也称配置口），如图 3-5 所示，该端口采用 RJ-45 接口，是一个符合 EIA/TIA RS-232 异步串行规范的配置口。通过该控制端口，可实现对交换机的本地配置。

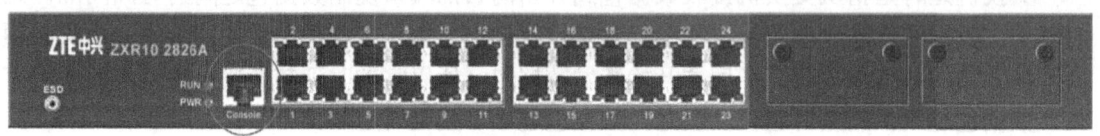

图 3-5　ZXR10 2826A 前面板

2) 配置前的准备工作。在对交换机进行配置之前，应准备好配置线缆和超级终端程序。交换机在购买时会随机配送一根配置线缆，它是一根 8 芯屏蔽电缆，如图 3-6 所示。其一端压接 RJ-45 插头，该端插入到交换机或路由器的 Console 口中；另一端可能同时带有一个 DB-9 和 DB-25（孔）的串行接口插头，用于连接计算机的 COM1 或 COM2 串行口。

Windows 操作系统自带超级终端程序，对于 Windows XP，该程序位于"开始菜单"→"所有程序"→"附件"→"通信"群组下面，若没有，可利用控制面板中的"添加/删除程序"来安装。

3) 通过 Console 口登录交换机。将配置线缆的 RJ-45 接头插入交换机的 Console 端口中，另一端的 DB-9 插接到计算机的 COM1 串行口，如图 3-7 所示。然后启用超级终端程序，并按照以下步骤进行配置，即可登录连接到交换机。在超级终端窗口中，就可通过命令行来配置交换机了。

超级终端程序启动后，将显示图 3-8a 所示的对话框，在输入框中为本次连接设置一个

项目 3　以太网交换机基础配置与管理 | 67

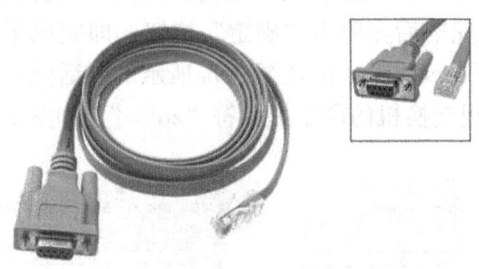

图 3-6　配置线缆

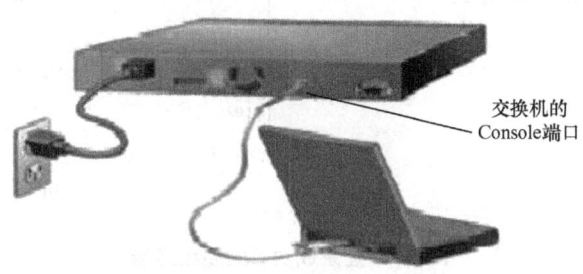

图 3-7　Console 线缆连接图

名称，可任意输入，如输入"ZXR"，然后单击"确定"按钮。在接下来弹出的对话框中，选择连接所使用的端口，在"连接时使用"下拉列表框中选择 COM1 选项，然后单击"确定"按钮。此时将弹出可对 COM1 端口进行设置的对话框，直接单击"还原为默认值"按钮，采用端口的默认设置值，如图 3-8b 所示。

ZTE 系列以太网交换机 Console 端口和计算机 COM1 串行口的默认通信速率为 9600bit/s，因此在配置超级终端时应设置为 9600bit/s。对于通信速率的设置，超级终端、

a) 设置连接称

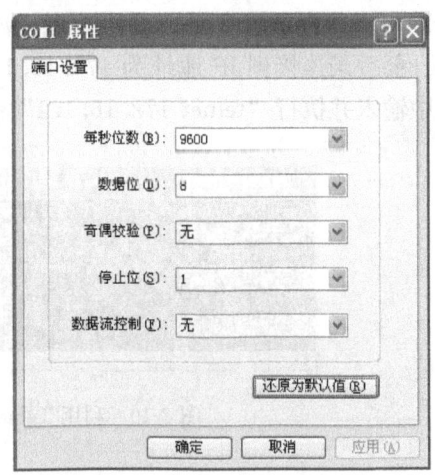

b) 设置COM1端口

图 3-8　Console 口登录交换机的步骤

计算机 COM1 串行口和 Console 口这三者必须保持一致，否则在超级终端中将出现乱码。

对 COM1 串行口设置完毕后，单击"确定"按钮，即完成了对超级终端的配置。此时在超级终端的窗口中按〈Enter〉键，出现图 3-9a 所示的对话框，输入初始账号和口令：admin、zhongxing，就应出现交换机的命令提示符"zte>"，如图 3-9b 所示。

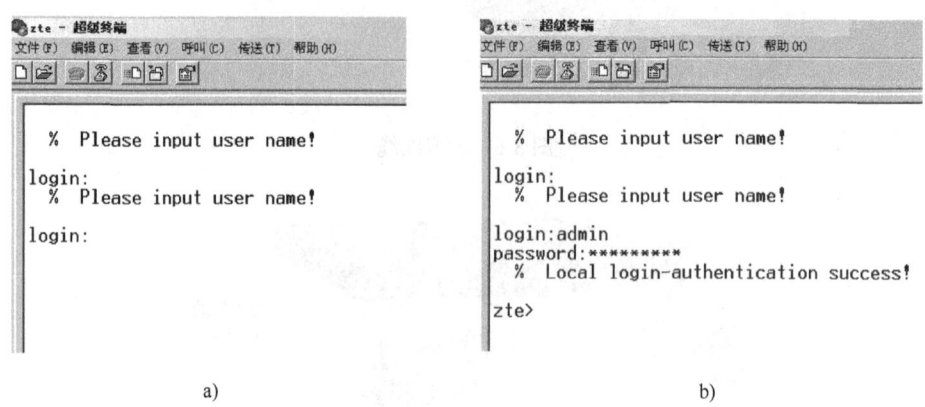

图 3-9 登录成功后的超级终端

（2）通过 Telnet 虚拟终端配置（带内管理）

在首次通过 Console 端口完成对交换机的配置，并进行了以下两方面的配置之后，交换机才允许 Telnet 远程登录。

1）对于二层交换机，配置了管理 IP 地址；对于三层交换机，至少有一个端口设置了 IP 地址。

2）配置了 vty（虚拟终端）的登录密码。

通过 Telnet 远程登录连接到交换机，若要进入特权配置模式，则还必须设置进入特权模式的密码，否则无法进入特权模式，只能进入最低级别的用户模式。

Windows 系统提供了 Telnet 命令，利用该命令可方便地登录连接到交换机上。

例如：要登录连接到 IP 地址为 172.16.1.1 的 ZXR10 2826A 交换机，则在 MS-DOS 的命名行中输入并执行"telnet 172.16.1.1"命令，如图 3-10 所示。

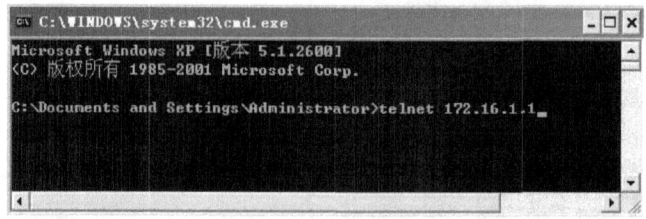

图 3-10 利用 Telnet 登录 Cisco 交换机

3.3.2 交换机的配置模式

为方便用户对交换机等数据通信设备进行配置和管理，设备根据功能和权限将命令分配到不同的模式下，一条命令只有在特定的模式下才能执行。在数据通信设备中，存在多种命令模式。下面针对 ZTE（中兴通讯股份有限公司）数据产品，介绍一些典型的命令模式。

(1) 用户模式

当使用超级终端方式登录系统时，将自动进入用户模式；

当使用 Telnet 方式登录时，用户输入登录的用户名和密码后进入用户模式。

用户模式的提示符是设备的主机名后跟一个"＞"号，如下所示（默认的主机名是 ZXR10）：

```
ZXR10>
```

用户模式可以执行 ping、telnet 等命令，还可以查看一些系统信息。

(2) 特权模式

在用户模式下输入"enable"命令和相应口令后，即可进入特权模式，如下所示：

```
ZXR10>enable
Password：（输入的密码不在屏幕上显示）
ZXR10#
注：对于 ZTE 系列数据通信设备，enable 密码为"zxr10"。
```

在特权模式下可以查看到更详细的配置信息，还可以进入配置模式对整个路由器进行配置，因此必须用口令加以保护，以防止未授权的用户使用。要从特权模式返回到用户模式，则使用"exit"命令。

(3) 全局配置模式

在特权模式下，输入"configure terminal"命令即可进入全局配置模式，如下所示：

```
ZXR10#configure terminal
Enter configuration commands, one par line, End with Ctrl-Z
ZXR10 (config) #
```

全局配置模式下的命令作用于整个系统，而不仅仅是一个协议或接口。要退出全局命令模式并返回到特权模式，输入"exit"或"end"命令，或按〈Ctrl＋Z〉组合键。3 种模式切换如下：

```
ZXR10>enable
Password：
ZXR10#configure terminal
Enter configuration commands, one par line, End with Ctrl-Z
ZXR10 (config) #exit
ZXR10#exit
ZXR10>
```

在交换机中，除了上面的 3 种模式外，还有一些其他的命令模式，如 VLAN 模式、生成树模式、端口配置模式等，在后面的学习中，将逐一进行介绍。

3.3.3 交换机配置命令的使用

（1）命令缩写

ZTE 系列交换机和路由器允许把命令和关键字缩写成能够唯一标识命令或关键字的字符或字符串，例如，可以把"configure terminal"命令缩写成"config t"。

（2）历史命令

用户界面提供了对所输入命令的记录功能，最多可以记录 10 条历史命令，该功能对重新调用长的或复杂的命令特别有用。

从记录缓冲区中重新调用命令，可执行下列操作之一。

1）按〈Ctrl+P〉组合键或〈↑〉键，向前调用缓冲区中的历史命令。

2）按〈Ctrl+N〉组合键或〈↓〉键，向后调用缓冲区中的历史命令。

在特权模式下，使用"show history"命令可以列出该模式下最新输入的几条命令。

（3）帮助符号"?"

在任意命令模式下，只要在系统提示符后面输入一个问号"?"，就会显示该命令模式下可用命令的列表。利用在线帮助功能，还可以得到任何命令的关键字和参数列表。

1）在任意命令模式的提示符下输入问号，可显示在该模式下的所有命令和命令的简要说明。举例如下：

ZXR10＞?

2）在字符或字符串后面输入问号，可显示以该字符或字符串开头的命令或关键字列表。注意，在字符（字符串）与问号之间没有空格。举例如下：

ZXR10＃co?
Configure copy
ZXR10＃co

3）在字符串后面按〈Tab〉键，如果以该字符串开头的命令或关键字是唯一的，则将其补齐，并在后面加上一个空格。注意，在字符串与〈Tab〉键之间没有空格。举例如下：

ZXR10＃con＜Tab＞
ZXR10＃configure

4）在命令、关键字、参数后输入问号，可以列出下一个要输入的关键字或参数，并给出简要解释。注意，问号之前需要输入空格。举例如下：

ZXR10＃configure?
terminal Enter configuration mode
ZXR10＃configure

技能训练 1：交换机 Console 端口、Telnet 配置方法
——基于 Cisco Packet Tracer 模拟器

训练标准：
1) 通过 Console 端口和 Telnet 两种方法搭建交换机配置环境。
2) 能够在不同模式下使用在线帮助命令。

训练条件：
安装 Windows 系统的计算机、Packet Tracer 仿真软件。

训练步骤：
（一）通过 Console 端口管理交换机
（1）连线
如图 3-11 所示，用 Console 线将计算机的 COM1 串行口与交换机的 Console 端口连接。

图 3-11　计算机的 COM1 串行口与交换机的 Console 端口连接图

（2）登录交换机
在 Windows 系统中启动"超级终端"，并配置超级终端，实现对交换机的登录连接，如图 3-12 所示。

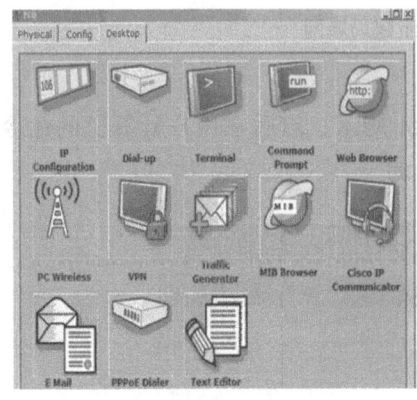

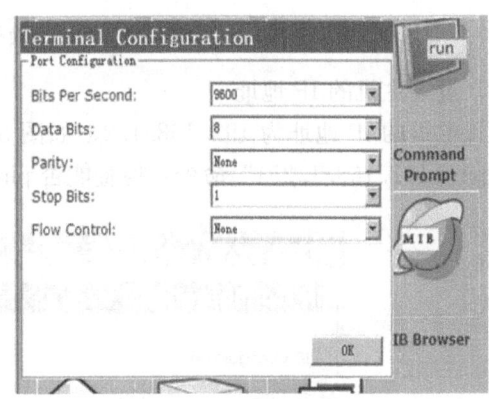

a) 选择超级终端登录　　　　　　　　　　b) 超级终端参数配置

图 3-12　通过超级终端登录交换机

（3）交换机开局设置
1) 配置交换机的管理地址为 192.168.1.254，子网掩码为 255.255.255.0。

```
Switch# config t           //进入全局配置模式
Switch（config）# interface vlan 1    //进入 VLAN1 的端口模式
Switch（config-if）# ip address 192.168.1.254 255.255.255.0   //配置端口 IP 地址
Switch（config-if）# no shutdown      //启用端口
Switch（config-if）# exit             //退出端口模式
```

2）配置进入特权模式的密码为 &&&。

```
Switch（config）# Enable secret &&&
```

3）配置远程登录密码。

```
Switch（config）# line vty 0 4              //进入虚拟终端
Switch（config-line）# password ****        //设置登录口令
Switch（config-line）# login                //允许登录
Switch（config-line）# end                  //直接退到特权模式下
```

（二）通过 Telnet 管理交换机

（1）组建局域网

利用配置好管理地址和登录口令的交换机组建局域网，如图 3-13 所示。

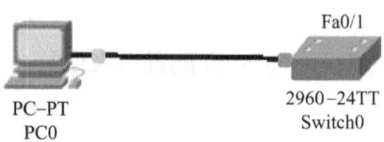

图 3-13　利用交换机组建局域网

（2）设置主机的 IP 地址

设置主机的 IP 地址为 192.168.1.2，如图 3-14 所示。然后在用户计算机的命令行下，执行"ping 192.168.1.254"命令，检查能否 ping 通。

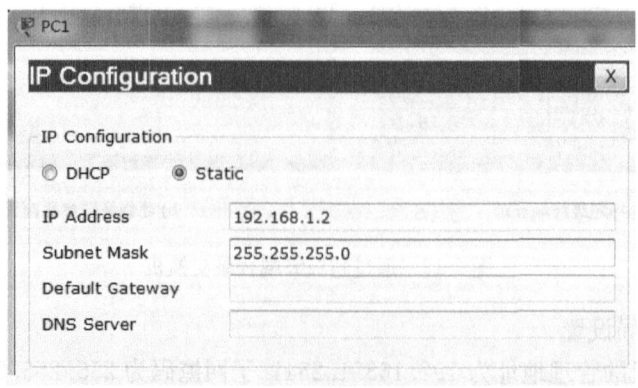

图 3-14　设置主机的 IP 地址

项目3 以太网交换机基础配置与管理 | 73

（3）远程登录

在用户计算机的命令行中执行"telnet 192.168.1.254"命令，远程登录连接到交换机，如图 3-15 所示。

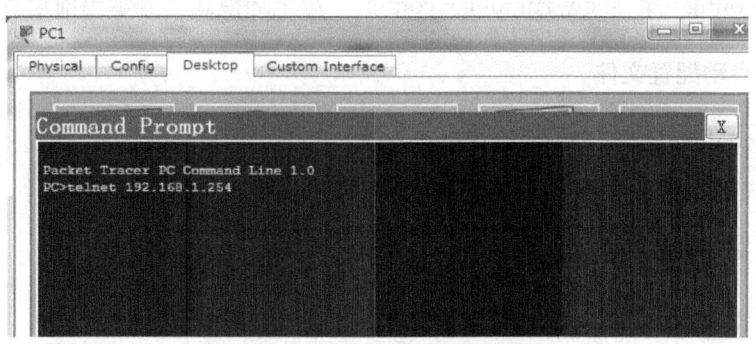

图 3-15 远程登录连接到交换机

远程登录连接到交换机后，配置交换机的主机名为 s2960。

```
Switch（config）# hostname s2960          //配置主机名
```

参考课时：2 学时

技能训练 2：三层交换机基本操作和日常维护——基于中兴产品设备

训练标准：
1）掌握中兴三层交换机的基本配置模式和常用配置指令。
2）掌握中兴三层交换机的日常维护方法。

训练条件：
ZXR10 3928 三层交换机一台；PC1 台；Consol 配置线 1 条。

训练步骤：
（一）通过 Console 串行口登录到交换机上
（1）设置系统名称

```
ZXR10>enable                              //进入特权模式
ZXR10#configure terminal                  //进入全局配置模式
ZXR10（config）# hostname zte
ZXR10（config）# exit                     //退出用 exit 命令
```

（2）设置系统日期和时间

```
ZXR10#clock set 15：52：35 apr 18 2011     //特权模式下
```

（3）设置设备特权模式密码

```
ZXR10（config）# enable secret zte
```

(4) 显示当前运行配置文件

```
ZXR10#show running-config            //特权模式下显示当前运行配置文件
ZXR10(config)#show running-config    //全局模式下显示当前运行配置文件
```

(5) 显示启动配置文件

```
ZXR10(config)#show start running-config
ZXR10#show start running-config
```

(6) 查看交换机的日志

```
ZXR10#show logfile         //查看交换机上的所有操作
ZXR10#show logging alarm
//查看系统告警信息,还可配置具体的参数来查看某日某一等级的告警信息
```

(7) 设置 Telnet 用户和密码

```
ZXR10(config)#username zte password zte
```

注意,为了防止非法用户使用 Telnet 访问交换机,必须在交换机上设置 Telnet 访问的用户名和密码,只有使用正确的用户名和密码才能登录到交换机。使用 username 命令配置用户名和密码。

(8) 三层端口配置

```
ZXR10(config)#vlan 2                          //VLAN 建立
ZXR10(config-vlan)#switchport pvid fei_2/1    //添加端口
ZXR10(config-vlan)#exit    //返回全局配置模式
```

(9) IP 地址配置

```
ZXR10(config)#interface vlan 2              //建立三层端口
ZXR10(config-if)#ip address 20.0.0.1 255.0.0.0    //配置 IP 地址
ZXR10(config-if)#shutdown         //关闭三层端口
ZXR10(config-if)#no shutdown      //开启三层端口
```

(10) 显示接口信息

```
ZXR10#show interface vlan 2
```

(二) 测试 Telnet 用户和密码

1) 把端口 fei_1/1 与主机网卡用网线连接,先用 ping 命令测试,再用 Telnet 命令测试 Telnet 用户名和密码。

2) 显示文件目录:

```
ZXR10#dir
Directory of flash:/
attribute    size    date           time          name
    1        drwx    512     JAN-07-2001    16:32:56    IMG
    2        drwx    512     JAN-07-2001    16:32:56    CFG
    3        drwx    512     JAN-07-2001    16:32:56    DATA
```

参考课时：2学时

理 论 训 练

一、填空题

1. 传统以太网采用_____来减少冲突。
2. 交换机带外管理是不占用网络带宽的管理方式，即通过_____端口对交换机进行配置管理。
3. CSMA/CD 的工作原理就是_____、_____、_____、_____。
4. 交换机的配置模式主要有_____、_____、_____。
5. 用_____指令可以返回交换机上一个配置模式，用_____指令可以直接返回到特权模式。

二、不定项选择题

1. 以太网是（　　）标准的具体实现。
   A. 802.3　　　　B. 802.4　　　　C. 802.5　　　　D. 802.z
2. 可以用来对以太网进行分段的设备有（　　）。
   A. 网桥　　　　B. 交换机　　　　C. 路由器　　　　D. 集线器
3. 在以太网中，是根据（　　）地址来区分不同的设备的。
   A. IP 地址　　　B. IPX 地址　　　C. LLC 地址　　　D. MAC 地址
4. 在以太网中，工作站在发送数据之前，要检查网络是否空闲，只有在网络不阻塞时，工作站才能发送数据，是采用了（　　）机制。
   A. IP   B. TCP
   C. ICMP   D. 载波侦听与冲突检测（CSMA/CD）
5. 以太网使用的物理介质主要有（　　）。
   A. 同轴电缆　　B. 双绞线　　　　C. 光缆　　　　D. V.24 电缆

三、简答题

1. 交换机实现数据转发的过程是怎样的？
2. 交换机的主要技术参数有哪些？
3. 交换机的配置模式有哪些？通过哪些命令在模式间转换？

项目 4　虚拟局域网的组建

教学目标

知识教学目标	技能培养目标
● 了解 VLAN 的产生背景 ● 理解 VLAN 的作用 ● 了解 VLAN 的 4 种划分方法 ● 理解接入链路和主干链路的区别 ● 理解 VLAN 帧结构各部分的具体含义 ● 理解 VLAN 在网络中的通信流程	● 通过配置 VLAN 实现网络隔离 ● 学会查看 VLAN 相关信息 ● 熟练运用 VLAN 解决实际问题 ● 通过配置 VLAN 间通信实现网络之间互访

项目引入：组建稳定、高效的局域网

某单位的局域网在使用过程中，发现了一个棘手的问题：局域网性能不是很好，在一些装有防火墙的终端计算机上不时看到 ARP 攻击。为了提高办公效率，必须改造网络，保证局域网稳定和高效工作。

相关知识

4.1　VLAN 技术

4.1.1　VLAN 的产生背景

（1）传统局域网的缺陷

传统局域网使用的是集线器（Hub），Hub 只有一根总线，一根总线就是一个冲突域。所以传统的局域网是一个扁平的网络，一个局域网属于同一个冲突域。任何一台主机发出的报文都会被同一冲突域中的所有其他机器接收到。后来，组网时使用网桥（二层交换机）代替 Hub，每个端口可以看成是一根单独的总线，冲突域缩小到每个端口，使得网络发送单播报文的效率大大提高，极大地提高了二层网络的性能。但是网络中所有端口仍然处于同一个广播域，网桥在传递广播报文的时候依然要将广播报文复制多份，发送到网络的各个角落。随着网络规模的扩大，网络中的广播报文越来越多，广播报文占用的网络资源越来越多，严重影响了网络性能，这就是所谓的广播风暴的问题，如图 4-1 所示。

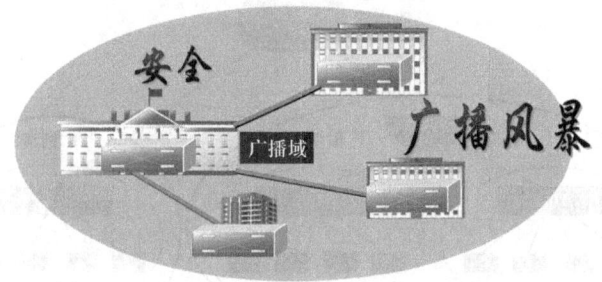

图 4-1　单广播域中存在的广播风暴

(2) 广播风暴产生的原因

形成广播风暴的原因有很多，这里主要介绍以下几种：

1) 网卡或网络设备损坏：如果网络主机的网卡或网络设备的端口损坏，会产生广播风暴。当某块网卡或网络设备的某个端口损坏后，可能向网络发送大量广播帧和非法帧，产生了大量无用的数据包，占用大量带宽，使网络运行速度明显变慢，严重时产生广播风暴。

2) 网络环路：在网络管理过程中，如果对网络拓扑结构不清楚，在安装配置设备过程中产生疏漏，可能会导致一条物理网络线路的两端同时接在了一台网络设备中，或虽然经过了不同的设备但是还是形成了环路。广播数据包在网络中反复大量传输，这样就会导致广播风暴，造成网络阻塞甚至瘫痪。

3) 网络病毒：许多病毒和木马程序比如 Funlove 病毒、震荡波病毒、RPC 漏洞入侵等也可能引起广播风暴。网络中一旦有一台机器中毒，会立即通过网络进行传播。网络病毒的传播，会损耗大量的网络带宽，引起网络堵塞，产生广播风暴。

4) 黑客软件的使用：一些网络罪犯利用某些黑客软件对网络进行攻击，也可能会引起广播风暴。

(3) 解决广播风暴的措施

为了降低广播风暴给网络带来的低效和不安全的影响，一般需要将网络进行分段，把一个大的广播域划分成几个小的广播域。划分广播域的方法有两个：

1) 通过路由器隔离广播域。这是早期隔离广播域的方法，如图 4-2 所示。

通过路由器对局域网进行分段，广播报文的发送范围大大减小。这种方案虽然解决了广播风暴的问题，但由于路由器是在网络层分段实现网络隔离，故网络规划复杂，组网方式不灵活，并且大大增加了管理维护的难度和网络建设成本。

2) 通过 VLAN（虚拟局域网）隔离广播域。为了降低网络建设成本和复杂度，使用 VLAN 技术进行二层广播域的隔离。

VLAN 技术通过将局域网络划分为不同的广播域，从而实现了安全和隔离广播的目的，缩小了网络中广播信息的覆盖范围，提高了网络的性能，如图 4-3 所示。

(4) VLAN 的优点

虚拟局域网将一组位于不同物理网段上的用户在逻辑上划分在一个局域网内，在功能和操作上与传统 LAN 基本相同，可以提供一定范围内终端系统的互联。VLAN 与传统的

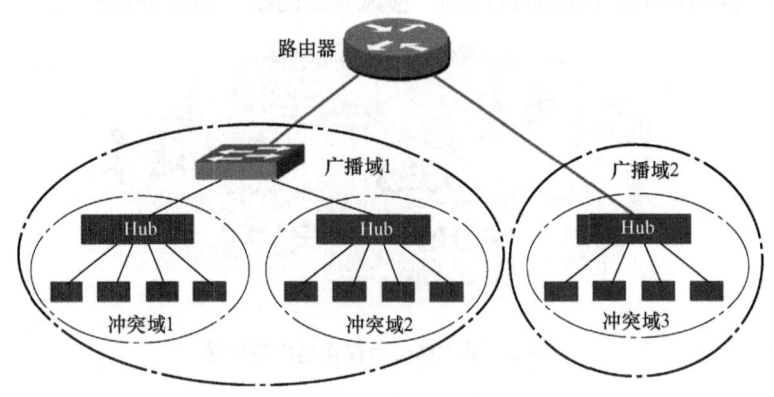

图 4-2　路由器隔离广播域

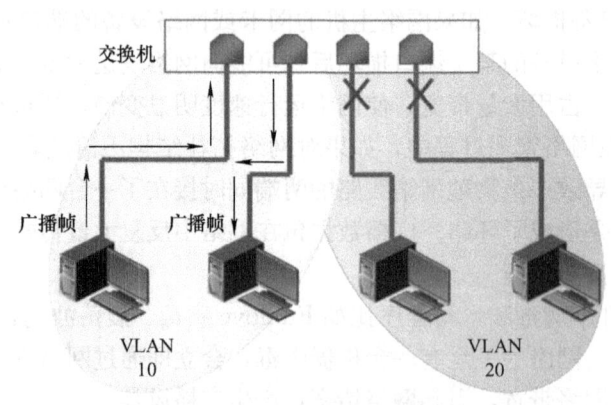

图 4-3　VLAN 隔离广播域

LAN 相比，具有以下优势：

1）有效地解决了广播风暴带来的性能下降问题。一个 VLAN 形成一个小的广播域，当一个数据包没有路由时，交换机只会将此数据包发送到所有属于该 VLAN 的其他端口，而不是所有的交换机的端口。这样，就将数据包限制到了一个 VLAN 内，在一定程度上可以节省带宽。

2）减少移动和改变的代价。VLAN 可以动态管理网络，也就是当一个用户从一个位置移动到另一个位置时，他的网络属性不需要重新配置，而是动态地完成，这种动态管理网络给网络管理者和使用者都带来了极大的好处，如一个用户，无论他到哪里，他都能不做任何修改地接入网络。

3）增强网络的安全性。一个 VLAN 的数据包不会发送到另一个 VLAN，这样，其他 VLAN 的用户在网络上是收不到任何该 VLAN 的数据包的，这就确保了该 VLAN 的信息不会被其他 VLAN 的用户窃听，从而实现了信息的保密。

4）简化网络管理。由于 VLAN 是在逻辑上对网络进行划分，所以其组网方案灵活，配置管理简单，降低了管理维护的成本。

4.1.2 VLAN 的划分方法

VLAN 在交换机上的实现方法大致可以分为 4 类。

(1) 基于交换机端口划分 VLAN

这是最常应用的一种 VLAN 划分方法，应用也最为广泛、最为有效。基于这种划分方法，将交换机上的物理端口分成若干个组，每个组构成一个虚拟网，每个虚拟网都相当于一个独立的交换机。这种划分方法并不局限于一台交换机，还可以将那些通过堆叠或级联方式连接在一起的不同交换机上的节点划分在一个子网中。

这种划分方法的优点是简单、容易实现，从一个端口发出的广播，直接发送到 VLAN 内的其他端口，也便于直接监控。它的缺点是自动化程度低、灵活性差。比如，每个端口不能加入多个 VLAN；当工作站移动到新的端口时，必须对用户进行重新配置。

(2) 基于计算机 MAC 地址划分 VLAN

这种划分 VLAN 的方法是根据每台联网主机的 MAC 地址来配置主机属于哪个虚拟网。

这种 VLAN 划分方法的最大优点就是当用户的物理位置移动，即从一个交换机换到其他交换机时，VLAN 不用重新配置，因为它是基于用户，而不是基于交换机端口的。这种方法的缺点是初始化时，必须将所有用户的 MAC 地址进行登记和配置，如果有几百个甚至上千个用户，配置是非常麻烦的，另外，若用户更换了机器的网卡，网络管理员必须重新配置 VLAN，所以这种划分方法通常用于小型局域网。而且这种划分方法也导致了交换机执行效率的降低，因为在每一个交换机的端口都可能存在多个 VLAN 组的成员，保存了许多用户的 MAC 地址，查询起来相当不容易。

(3) 基于协议划分 VLAN

通过二层数据中的协议字段，可以判断出上层运行的网络协议，如 IP 或者 IPX 协议，从而进行 VLAN 的划分。如果一个物理网络中既有 IP 又有 IPX 等多种协议运行时，可以采用这种 VLAN 的划分方法。这种类型的 VLAN 在实际应用中用得很少。

(4) 基于子网划分 VLAN

基于子网划分 VLAN 是基于数据帧中上层（网络层）的 IP 地址或所属 IP 网段进行的 VLAN 划分，属于动态 VLAN 划分方式，既可减少手工配置 VLAN 的工作量，又可保证用户自由地增加、移动和修改。

基于子网划分 VLAN 适用于对安全性需求不高、对移动性和简易管理需求较高的场景中。

4.1.3 VLAN 的实现原理

(1) VLAN 的帧结构

传统的以太网数据帧格式是不包含 VLAN 信息的，无法用这种传统的以太网数据帧来传送 VLAN 信息，要想让跨越交换机的 VLAN 能正常工作，必须重新提出一种帧格式，这就是由 IEEE802 委员会发布的 IEEE 802.1Q 帧格式，其结构如图 4-4 所示。

该帧格式在传统的以太网帧格式的 L/T 字段前面附加了一个 4B 的额外部分，称为 802.1Q 标记。标记字段分为 4 部分。

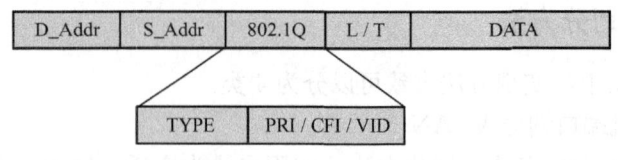

图 4-4　802.1Q 帧格式

1) TYPE：这是一个 2B 长度的字段，用来指出该数据帧的类型，目前来说都是 0X8100，这样做的目的是与传统以太网数据帧兼容。当不能识别带 VLAN 标记帧的设备接收到该数据帧以后，先检查类型字段，发现是一个陌生的值，丢弃即可。

2) PRI：这是一个 3bit 的数据字段，该字段用来表示数据帧的优先级。3bit 可以表示 8 种优先级，利用该字段可以提供一定的服务质量要求。

3) CFI：这是一个 1bit 的字段，该字段用在一些环形结构的物理介质网络中，比如令牌环、FDDI 等。

4) VID：这是 802.1Q 数据帧的核心部分，即 VLAN ID，用来表示该数据帧所属的 VLAN。其长度为 12bit，所以 VLAN 的取值范围为 0～4095。但 VLAN 1 用来做默认 VLAN（没有划分到具体 VLAN 中的交换机端口默认情况下都属于 VLAN 1），4095 一般不用，故实际中能使用的只有 4094 个 VLAN。有些厂商的产品对可使用 VLAN 的范围可能会限制得更小，因为这些设备内部也使用一些 VLAN 来携带控制信息。

(2) 链路类型

以太网端口有 3 种链路类型：接入（Access）链路、主干（Trunk）链路和混合（Hybrid）链路。

1) Access 链路：只承载一个 VLAN 数据的链路称为接入链路（Access Link），并只能识别 UNTAG 帧，一般是通过交换机连接路由器的端口，或是通过交换机（SW）连接 PC 的端口。

图 4-5 所示为 Access 链路的工作原理。当 PCB 要发送一个数据帧给 PCA 时，UNTAG 数据帧从 PCB 发送到 SW 的 Access 端口，SW 给该数据帧打上 VLAN 10 的标签变成 TAG 帧，然后将该数据帧传送到连接 PCA 端口的 Access 端口上，该端口接收到数据帧，剥离标签后，通过目的 MAC 地址发现该数据帧是发送给 PCA 的，然后直接发送给 PCA。PCC 和 PCD 间的数据帧传输原理类似。

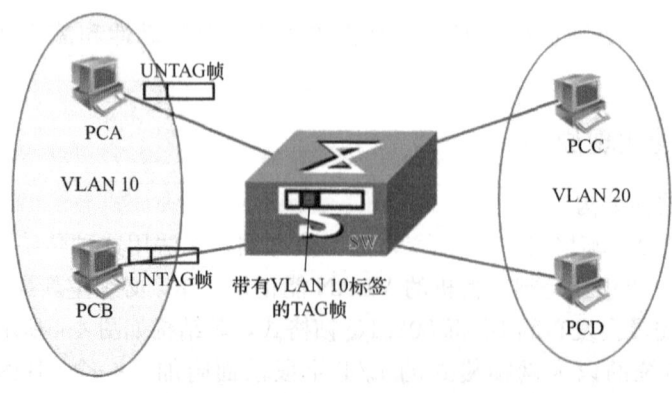

图 4-5　Access 链路的工作原理

2)Trunk 链路：可以接收和发送多个 VLAN 的数据帧，一般用于交换机之间端口的连接。

图 4-6 所示为 Trunk 链路的工作原理。当 PCA 要发送数据帧给 PCC 时，首先 PCA 将 UNTAG 数据帧发送到 SWA 的 E1/0/1 端口上，SWA 接收到该数据帧后，给该数据帧打上 VLAN 2 的标签，通过中继端口 E1/0/24 发送到 SWB 的 E1/0/24 端口上，SWB 从帧中的标签得知它属于 VLAN 2，于是将数据帧发送到该交换机的 E1/0/2 和 E1/0/3 端口上，这两个端口接收到数据帧后，剥离数据帧，通过目的 MAC 地址得知该数据帧是发送给 PCC 的，于是发送给 PCC。

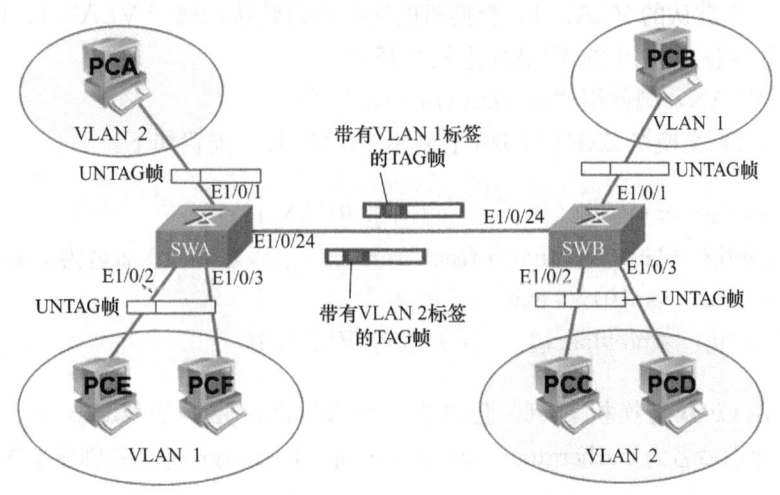

图 4-6　Trunk 链路

3)Hybrid 链路：可以属于多个 VLAN，可以接收和发送多个 VLAN 数据帧，可以用于交换机之间的连接，也可以用于连接用户的计算机，如图 4-7 所示。

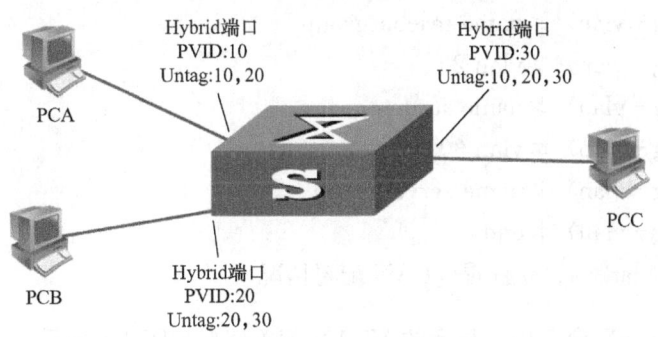

图 4-7　Hybrid 链路

Hybrid 端口和 Trunk 端口的不同之处在于，Hybrid 端口可以允许多个 VLAN 的报文发送时不打标签，而 Trunk 端口只允许默认 VLAN 的报文发送时不打标签。

PCA 发送的以太网帧进入端口后，打上 VLAN 10 的标签，在到达 PCC 的端口时，端口根据设定（Untag：10，20，30）将数据帧发送给 PCC；而 PCA 发送给 PCB 的数据帧，由于到达 PCB 的端口时，端口设定为（Untag：20，30），因此 PCA 和 PCB 无法通信。

4.1.4　VLAN 的配置

主流厂家生产的交换机都支持基于端口划分 VLAN 的方法，通过"VLAN 创建"和"VLAN 端口划分"两个步骤实现。

（1）VLAN 创建

命令及用法：vlan *vlan-id*。

该命令在 VLAN 数据库配置模式下运行。"*vlan-id*"代表要创建的 VLAN 的 ID 号。

交换机有一个默认的 VLAN 1，交换机的所有端口默认均属于 VLAN 1，用户不能删除该 VLAN，因此用户所创建的 VLAN 应从 2 开始。

若需删除 VLAN，则使用"no vlan *vlan-id*"命令。

例如，在 ZTE 交换机 ZXR10 3928 上创建 VLAN 10，配置如下：

```
ZXR10（config）#vlan 10                          //创建 VLAN 10
ZXR10（config-vlan10）#name teachergroup        //VLAN 10 命名为 teachergroup
ZXR10（config-vlan10）#exit
ZXR10（config）#no vlan 10                       //删除 VLAN 10
```

再例如，在 Cisco 交换机 S3560 上创建 3 个 VLAN，分别是 VLAN 10、VLAN 20 和 VLAN 30，并分别命名为 teachergroup、studentgroup 和 servergroup，其创建步骤与命令如下：

```
Switch>enable
Switch#config t
Switch（config）#hostname s3560
s3560（config）#vlan 10
s3560（config-vlan）#name teachergroup
s3560（config-vlan）#vlan 20
s3560（config-vlan）#name studentgroup
s3560（config-vlan）#vlan 30
s3560（config-vlan）#name servergroup
s3560（config-vlan）#end
s3560#show vlan          //查看 VLAN 配置情况
```

执行"show vlan"命令后，显示的 VLAN 配置情况如图 4-8 所示。

（2）划分 VLAN 端口

划分 VLAN 端口就是将交换机的端口划分指派到各自所属的 VLAN。划分指派方法分为两步：第一步是选择要划分的端口，第二步是在端口配置模式下，通过以下命令，将当前所选中的端口划分到指定的 VLAN 中。

命令及用法：switchport access vlan *vlan-id*。

```
VLAN Name                             Status    Ports
---- -------------------------------- --------- -------------------------------
1    default                          active    Fa0/1, Fa0/2, Fa0/3, Fa0/4
                                                Fa0/5, Fa0/6, Fa0/7, Fa0/8
                                                Fa0/9, Fa0/10, Fa0/11, Fa0/12
                                                Fa0/13, Fa0/14, Fa0/15, Fa0/16
                                                Fa0/17, Fa0/18, Fa0/19, Fa0/20
                                                Fa0/21, Fa0/22, Fa0/23, Fa0/24
                                                Gig0/1, Gig0/2
10   teachergroup                     active
20   studentgroup                     active
30   servergroup                      active
1002 fddi-default                     act/unsup
1003 token-ring-default               act/unsup
1004 fddinet-default                  act/unsup
1005 trnet-default                    act/unsup

VLAN Type  SAID       MTU   Parent RingNo BridgeNo Stp  BrdgMode Trans1 Trans2
---- ----- ---------- ----- ------ ------ -------- ---- -------- ------ ------
1    enet  100001     1500  -      -      -        -    -        0      0
10   enet  100010     1500  -      -      -        -    -        0      0
```

图 4-8 查看 VLAN 配置信息

其中，"*vlan-id*" 为 VLAN 的 ID 号，表示将端口划入哪一个 VLAN。

例如，将 ZTE 交换机 ZXR10 3928 的端口 fei＿1/10 划分到 VLAN 100，配置如下：

```
ZXR10 (config) #vlan 100
ZXR10 (config-vlan10) #exit
ZXR10 (config) #interface fei_1/10                      //进入端口 fei_1/10
ZXR10 (config-fei_1/10) #switchport access vlan 100     //划分 VLAN
```

如果一个 VLAN 所属的端口分布在多台交换机上，则要分别在这些交换机上进行端口划分，并配置这些交换机间的级联链路为 Trunk 链路。

再例如，图 4-9 所示案例为跨交换机的 VLAN 划分，两台交换机都为 Cisco2950，Switch0 上的配置命令如下：

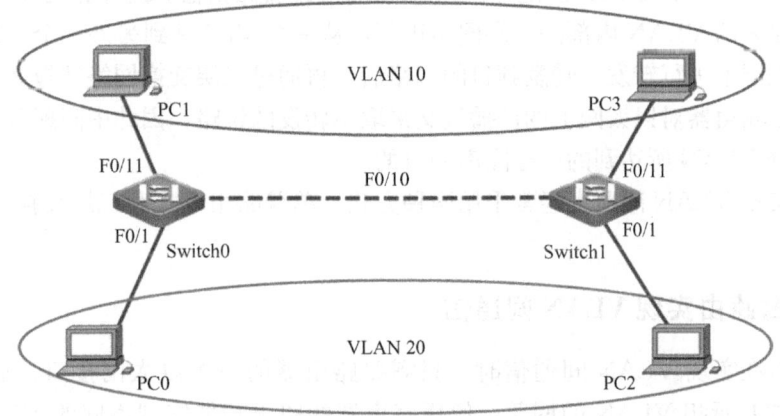

图 4-9 跨交换机的 VLAN 划分

```
Switch#config t
Switch（config）#int fa 0/1
Switch（config-if）#switchport access vlan 20   //端口 fa 0/1 划分到 VLAN 20
Switch（config-if）#exit
Switch（config）#int fa 0/11
Switch（config-if）#switch access vlan 10        //端口 fa 0/11 划分到 VLAN 10
Switch（config-if）#exit
Switch（config）#int fa 0/10
Switch（config-if）#switch mode trunk    //将 fa 0/10 的端口模式设为 Trunk 模式
Switch（config-if）#exit
Switch#show int fa 0/10 switch                   //查看 fa 0/10 端口模式
Name：Fa0/10
Switchport：Enabled
Administrative Mode：trunk
```

注意：Switch1 也要做类似的配置。

进行 VLAN 端口划分后，属于同一个 VLAN 的主机间可以相互通信，但无法与其他 VLAN 中的主机进行通信。在图 4-9 所示的案例中，PC1 和 PC3 同属于 VLAN 10，设置 PC1 和 PC3 主机的 IP 地址为同一网段的地址后，PC1 和 PC3 就可以相互通信了；PC0 和 PC2 属于 VLAN 20，目前还无法与位于 VLAN 10 中的 PC1 和 PC3 相互通信。

4.2 VLAN 间通信

在网络中使用 VLAN 是为了隔离广播域，在二层网络环境中各个 VLAN 之间是不能互相访问的。但是，隔离网络并不是建网的最终目的，选择 VLAN 隔离只是为了减少局域网的广播流对网络的影响。如果 VLAN 之间需要互通，这就需要通过三层路由功能来实现。

VLAN 之间通信的解决方法是，在 VLAN 之间配置路由器。这样相同 VLAN 内部的通信仍然通过原来的 VLAN 内部的二层网络进行，从一个 VLAN 到另外一个 VLAN 的通信，通过路由在三层上进行转发。转发到目的网络后，再通过二层交换网络把报文最终发送给目的主机。由于路由器对以太网上的广播报文采取不转发的策略，因此中间配置的路由器仍然不会改变划分 VLAN 所达到的广播隔离的目的。

目前，实现 VLAN 间路由经常采用两种方式：单臂路由方式和三层交换机实现 VLAN 间通信方式。

4.2.1 单臂路由实现 VLAN 间通信

单臂路由在实现 VLAN 间通信时，只需要路由器的一个以太网接口，通过创建各自 VLAN 的子接口承担 VLAN 的网关，使用路由器的路由功能实现不同的 VLAN 间数据转发，如图 4-10 所示。

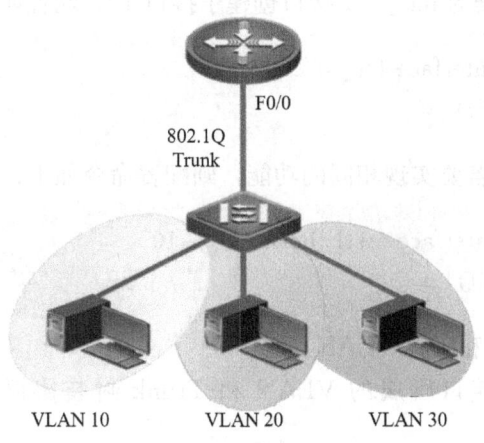

图 4-10　单臂路由

1. 单臂路由实现方法

VLAN 间要实现相互通信，每一个 VLAN 必须有一个对应的路由接口，以便能配置该 VLAN 的网关地址。而交换机与路由器相连的只有一个物理接口，利用路由器的这一个物理接口，如何才能提供多个 VLAN 接口呢？

方法就是在路由器的这一个物理接口上，通过划分子接口来实现，如图 4-11 所示。每一个子接口用作一个 VLAN 的虚拟子接口，需要多少 VLAN 子接口，就在该物理接口上创建多少个子接口即可。

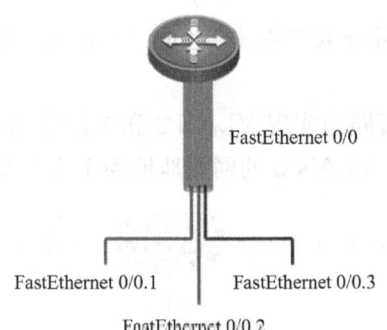

图 4-11　在物理接口上创建子接口

路由器与二层交换机间的级联链路，由于要通过多个 VLAN 的流量，必须采用 Trunk 链路。因此，对于路由器的端口，在支持子接口划分的同时，还必须支持 Trunk 功能。

2. 单臂路由的配置

配置单臂路由的主要步骤包括创建子接口、封装子接口协议和配置 IP 地址 3 个步骤。

（1）创建子接口

命令及用法：interface *interface-number.subinterface-number*。

其中，"*interface-number*"表示接口名称，ZTE 产品为"fei"，Cisco 产品为"fastEthernet"，"*subinterface-number*"表示子接口号码。

例如，在 ZTE 路由器的 fei_0/1 接口创建子接口 10，配置如下：

ZXR10（config）#interface fei_0/1.10
ZXR10（config-subif）#

对于 Cisco 路由器，若要实现相同的功能，则配置命令如下：

Router（config）#interface fastEthernet 0/1.10
Router（config-subif）#

（2）封装子接口协议和所属 VLAN

在路由器上配置子接口所属的 VLAN 和 Trunk 封装协议的命令为：encapsulation dot1Q $vlan-id$。

例如，若要配置 ZTE 路由器的 fei_0/1.10 子接口为 VLAN 10 的子接口，Trunk 封装协议为 dot1Q，配置如下：

ZXR10（config）#interface fei_0/1.10
ZXR10（config-subif）#encapsulation dot1Q 10

对于 Cisco 路由器，若要实现相同的功能，配置类似。

（3）配置子接口 IP 地址

在路由器上配置子接口所属的 VLAN 和 Trunk 封装协议的命令为：ip address $ip-address$ $net-mask$。

其中，"$ip-address$" 表示子接口的 IP 地址，"$net-mask$" 表示子网掩码。

3. 单臂路由配置实例

如图 4-12 所示，利用单臂路由实现 VLAN 2 和 VLAN 3 间的通信。其中，VLAN 2 的网关地址为 192.168.2.1/24，VLAN 3 的网关地址为 192.168.3.1/24。

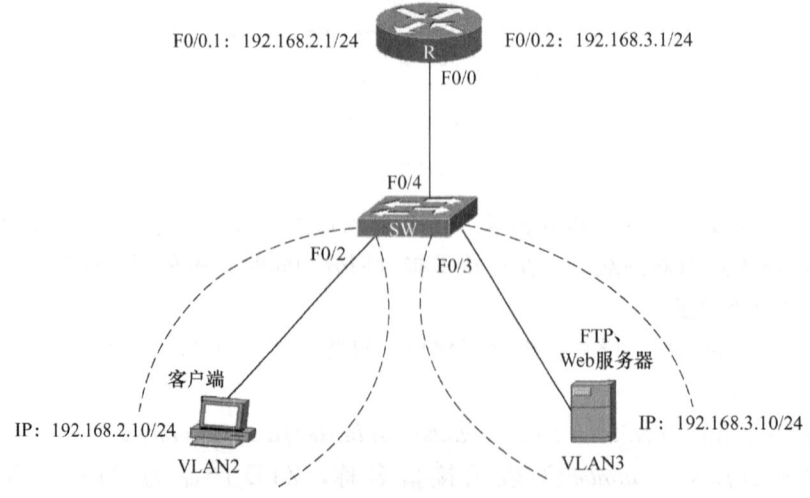

图 4-12 单臂路由配置实例

路由器的配置如下：

```
Router（config）#hostname R              //路由器命名
R（config）#int fa0/0                    //进入 fa0/0 端口
R（config-if）#no shutdown               //启用该端口
R（config-if）#no ip address             //删除该端口地址
R（config-if）#exit
R（config）#int f0/0.1                   //进入 fa0/0.1 子接口
R（config-subif）#encapsulation dot1q 2  //封装协议并把该接口给 VLAN 2
R（config-subif）#ip address 192.168.2.1 255.255.255.0  //给 fa0/0.1 子接口设地址
R（config-subif）#no shutdown
R（config-subif）#exit
R（config）#int f0/0.2
R（config-subif）#encapsulation dot1q 3
R（config-subif）#ip address 192.168.3.1 255.255.255.0
R（config-subif）#no shutdown
R（config-subif）#end
```

交换机的配置如下：

```
Switch（config）#hostname SW
SW（config）#vlan 2
SW（config-vlan）#exit
SW（config）#vlan 3
SW（config-vlan）#exit
SW（config）#int f0/2
SW（config-if）#switchport access vlan 2
SW（config-if）#exit
SW（config）#int f0/3
SW（config-if）#switchport access vlan 3
SW（config-if）#exit
```

4. 单臂路由的局限性

在 VLAN 较多、VLAN 间的通信流量较大的情况下，单臂路由这种实现方案的 Trunk 链路的流量压力较大。另一方面，路由器一般是基于软件处理方式来实现路由，存在一定的延迟，难以达到线速交换。对于 VLAN 间的所有通信流量，都要经过路由器的路由，随着 VLAN 流量的增加，路由器将成为通信的瓶颈。

交换机使用 ASIC（Application Specified Integrated Circuit）专用硬件芯片来处理数据帧的交换，可实现线速（Wired Speed）交换。三层交换机是带有路由功能的交换机，其路由模块与交换模块共同使用 ASIC 硬件芯片，可实现高速度的路由。三层交换机的路由模块与交换模块是在交换机内部直连实现的,可提供相当高的带宽,因此,使用三层交换机来实现 VLAN 间的相互通信比使用外置的路由器效果好,而且配置也更方便。

4.2.2 三层交换机实现 VLAN 间通信

三层交换机实现 VLAN 路由是利用三层交换机的路由功能,通过识别数据包的 IP 地址,查找路由表并转发,三层交换机利用直连路由可以实现不同 VLAN 之间的相互访问。

三层交换机通过 SVI(交换机虚拟接口)提供各 VLAN 的网关接口,实现 VLAN 间通信,如图 4-13 所示。

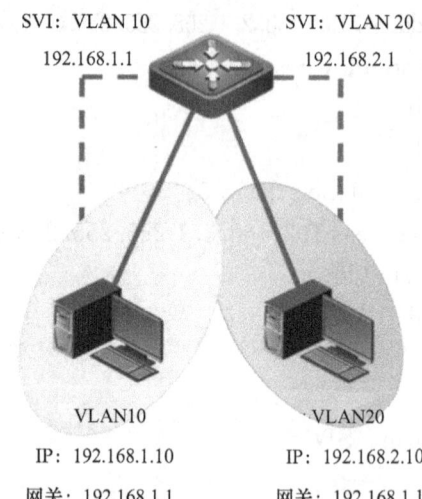

图 4-13 三层交换机实现 VLAN 间通信

利用三层交换机实现 VLAN 路由,配置内容包括创建 VLAN、创建 SVI 三层虚接口和配置 SVI 接口的 IP 地址几个步骤。在图 4-13 所示的实例中,存在 VLAN 10 和 VLAN 20 两个 VLAN,在三层交换机上的 SVI 接口 IP 地址分别为 192.168.1.1/24 和 192.168.2.1/24,现通过三层交换机实现两个 VLAN 之间通信,配置如下:

```
Switch(config)#vlan 10
Switch(config-vlan)#exit
Switch(config)#interface vlan 10            //创建 VLAN 10 的 SVI 接口
Switch(config-if)#ip address 192.168.1.1 255.255.255.0
//配置 VLAN 10 的 SVI 接口的 IP 地址
Switch(config-if)#exit
Switch(config)#vlan 20
Switch(config-vlan)#exit
Switch(config)#interface vlan 20
Switch(config-if)#ip address 192.168.2.1 255.255.255.0
Switch(config-if)#end
```

技能训练 1：跨交换机的 VLAN 配置——基于 Cisco Packet Tracer 模拟器

训练标准：
1) 熟悉 VLAN 的创建配置。
2) 能够把交换机接口划分到特定 VLAN。
3) 掌握交换机接口 Trunk 模式的应用。

训练条件：
安装 Windows 系统的计算机、Packet Tracer 仿真软件。

训练要求：
在图 4-14 所示的网络拓扑图中，两台 Cisco 交换机 2960 互联构成局域网，要求把 PC1 和 PC3 划分到 VLAN 10 下，把 PC2 和 PC4 划分到 VLAN 20 下，实现广播域隔离。

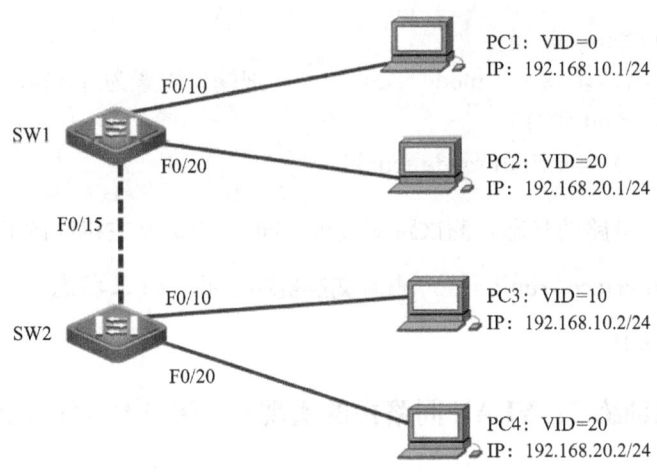

图 4-14 网络拓扑图

训练步骤：

1) 在 Packet Tracer 仿真软件中进行网络拓扑。

2) 在划分 VLAN 前，按照图 4-14 所示，配置 PC1、PC2、PC3、PC4 的 IP 地址，并利用 ping 命令测试主机间通信情况。

测试结果：PC1 ping PC3、PC2 ping PC4 可以 ping 通。因为默认时，交换机的全部接口都在 VLAN 1 上。

3) 在 SW1、SW2 上创建 VLAN。

```
SW1 (config) #vlan 10
SW1 (config - vlan) #name teacher
SW1 (config) #vlan 20
SW1 (config - vlan) #name student
```

在 SW2 上重复类似的命令。

4）把端口划分在 VLAN 中。

SW1（config）#interface fa0/10
SW1（config-if）#switch access vlan 10　　//把端口 f0/10 划分到 VLAN 10 中
SW1（config）#interface fa0/20
SW1（config-if）#switch access vlan 20

在 SW2 上重复类似的命令。

5）利用 show vlan 命令确定已添加的端口。

SW1#show vlan

在 SW2 上重复相同的命令。

6）配置交换机的中继端口。

SW1（config）#int f0/15
SW1（config-if）#switch mode trunk　　//把端口配置为 Trunk
SW2（config）#int f0/15
SW2（config-if）#switch mode trunk

7）检查 Trunk 链路的状态，测试跨交换机、同一 VLAN 主机间的通信。

SW1#show interface trunk　　//查看交换机端口的 Trunk 状态

参考课时：2 学时

技能训练 2：VLAN 间路由的实现——基于中兴产品设备

训练标准：
1）掌握单臂路由实现 VLAN 间路由的配置方法。
2）掌握三层交换机实现 VLAN 间路由的配置方法。

训练条件：
ZXR10 1800 路由器一台、ZXR10 3928 三层交换机一台、PC 2 台。

训练步骤：
1）按照图 4-15 所示的单臂路由网络拓扑进行物理线路连接。
2）在三层交换机 ZXR10 3928 上进行配置。

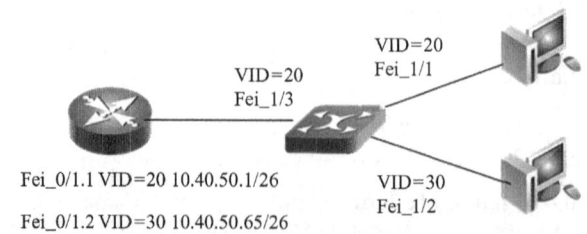

图 4-15　单臂路由网络拓扑

```
ZXR10（config）#interface fei_1/1
ZXR10（config-if）# switchport access vlan 20
//端口 fei_1/1 以 access 方式加入 VLAN 20
ZXR10（config-if）#exit
ZXR10（config）#interface fei_1/2
ZXR10（config-if）# switchport access vlan 30
ZXR10（config-if）#exit
ZXR10（config）#interface fei_1/3
ZXR10（config-if）# switchport mode trunk    //修改端口的链路类型为 Trunk 模式
ZXR10（config-if）# switchport trunk vlan 20  //端口 fei_1/3 以 Trunk 方式加入
VLAN 20
ZXR10（config-if）# switchport trunk vlan 30  //端口 fei_1/3 以 Trunk 方式加入
VLAN 30
ZXR10（config-if）#exit
```

3）在路由器 ZXR10 1800 上进行配置。

```
ZXR10（config）#interface fei_0/1.1                       //创建子接口
ZXR10（config-subif）#encapsulation dot1q 20              //封装 VLAN ID
ZXR10（config-subif）#ip address 10.40.50.1 255.255.255.192  //在子接口上配置 IP
ZXR10（config）#interface fei_0/1.2
ZXR10（config-subif）#encapsulation dot1q 30
ZXR10（config-subif）#ip address 10.40.50.65 255.255.255.192
```

4）合理地配置 PC1 和 PC2 的 IP 地址，利用 ping 命令进行通信测试。
5）按照图 4-16 所示的三层交换机实现 VLAN 间通信的网络拓扑进行物理线路连接。

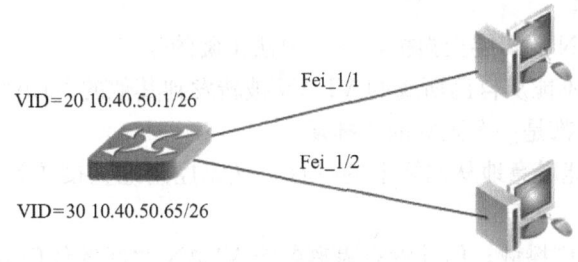

图 4-16　三层交换机实现 VLAN 间通信的网络拓扑

6）在三层交换机 ZXR10 3928 上进行配置。

```
ZXR10（config）#interface fei_1/1
ZXR10（config-if）# switchport access vlan 20
ZXR10（config-if）#exit
ZXR10（config）#interface fei_1/2
ZXR10（config-if）# switchport access vlan 30
ZXR10（config-if）#exit
ZXR10（config）#interface vlan 20            //将 VLAN 20 提升成三层接口
ZXR10（config-if）#ip address 10.40.50.1 255.255.255.192
//在 VLAN 接口上配置 IP
ZXR10（config-if）#exit
ZXR10（config）#interface vlan 30            //将 VLAN 30 提升成三层接口
ZXR10（config-if）#ip address 10.40.50.65 255.255.255.192
//在 VLAN 接口上配置 IP
ZXR10（config-if）#exit
```

7）合理地配置 PC1 和 PC2 的 IP 地址，利用 ping 命令进行通信测试，并利用"show vlan"和"show ip route"命令查看配置情况。

参考课时：2 学时

理 论 训 练

一、填空题

1. 交换机默认情况下所有的端口都属于_____。

2. VLAN 是以 VLAN ID 来标识的，遵循 IEEE 802.1Q 标准最多支持_____个 VLAN。

3. 路由器实现单臂路由的功能，需要路由器接口支持_____封装。

4. 不同子网的通信，需要指定作为子网出口的_____地址。

二、不定项选择题

1. 对于引入 VLAN 的二层交换机，下列说法正确的是（   ）。

A. 任何一个帧都不能从自己所属的 VLAN 被转发到其他的 VLAN 中

B. 每一个 VLAN 都是一个独立的广播域

C. 每一个人都不能随意地从网络上的一点，毫无控制地直接访问另一点的网络或监听整个网络上的帧

D. VLAN 隔离了广播域，但并没有隔离各个 VLAN 之间的任何流量

2. 下列关于 VLAN 的描述中，正确选项为（   ）。

A. 一个 VLAN 形成一个小的广播域，同一个 VLAN 成员都在由所属 VLAN 确定的广播域内

B. VLAN 技术被引入到网络解决方案中来，用于解决大型的二层网络面临的问题

C. VLAN 的划分必须基于用户地理位置，受物理设备的限制
D. VLAN 在网络中的应用增强了通信的安全性

3. 下列关于 VLAN 特性的描述中，正确的选项为（　　）。
A. VLAN 技术是在逻辑上对网络进行划分
B. VLAN 技术增强了网络的健壮性，可以将一些网络故障限制在一个 VLAN 之内
C. VLAN 技术有效地限制了广播风暴，但并没有提高带宽的利用率
D. VLAN 配置管理简单，降低了管理维护的成本

4. 下列关于 S3526 交换机的接入链路和干道链路叙述中正确的是（　　）。
A. 接入链路指的用于连接主机和交换机的链路
B. 接入链路不可以包含多个端口
C. 干道链路是可以承载多个不同 VLAN 数据的链路
D. 干道链路通常用于交换机间的互联，或者连接交换机和路由器

5. 下列叙述中正确的选项为（　　）。
A. 基于 MAC 地址划分 VLAN 的缺点是初始化时，所有的用户都必须进行配置
B. 基于 MAC 地址划分 VLAN 的优点是当用户物理位置移动时，VLAN 不用重新配置
C. 基于 MAC 地址划分 VLAN 的缺点是如果 VLAN 用户离开了原来的端口，到了一个新的交换机的某个端口，那么就必须重新定义
D. 基于子网划分 VLAN 的方法可以提高报文转发的速度

6. 下列关于 802.1Q 标签头的叙述正确的是（　　）。
A. 802.1Q 标签头长度为 4B
B. 802.1Q 标签头包含了标签协议标识和标签控制信息
C. 802.1Q 标签头的标签协议标识部分包含了一个固定的值 0x8100
D. 802.1Q 标签头的标签控制信息部分包含的 VLAN Identified（VLAN ID）是一个 12bit 的域

7. 下列关于 VLAN 标签头的正确描述是（　　）。
A. 对于连接到交换机上的用户计算机来说，是不需要知道 VLAN 信息的
B. 当交换机确定了报文发送的端口后，无论报文是否含有标签头，都会把报文发送给用户，由收到此报文的计算机负责把标签头从以太网帧中删除，再做处理
C. 连接到交换机上的用户计算机需要了解网络中的 VLAN
D. 连接到交换机上的用户计算机发出的报文都是未打标签头的报文

8. 下列关于配置端口 PVID 的描述中，不正确的选项为（　　）。
A. 干道链路和接入链路都可以配置 PVID
B. 只有存在的 VLAN 可以配置为端口的 PVID
C. 设置端口的 PVID 的命令模式为全局模式
D. 当取消一个端口的干道链路属性时，此端口被加入到原 PVID 所指定的 VLAN 中

9. 下列关于命令配置模式的叙述正确的为（　　）。
A. 添加 VLAN 的配置命令模式为全局配置模式
B. 设置端口 PVID 的配置命令模式为以太网接口配置模式

C. 设置相应的端口链路为干道链路的配置命令模式为以太网接口模式

D. 向 VLAN 中增加端口的配置命令模式是全局模式

10. 对于在三层交换机的 VLAN，说法不正确的是（　　）。

A. 一个三层交换机划分多个 VLAN，在配置 VLAN 路由接口时不同 VLAN 路由接口的 IP 地址是可以配置成一个网段的

B. 一台交换机连接两台主机，这两台主机分别在不同的 VLAN 里，因为 VLAN ID 不同，所以这两台主机是不能通信的

C. 三层交换机的一个 VLAN ID 有一个对应的 MAC 地址

D. 三层交换机的一个路由接口有一个对应的 MAC 地址

11. 下列关于 VLAN 虚接口的叙述中正确的选项为（　　）。

A. 如果要给 VLAN 配置一个 IP 地址，则需要为此 VLAN 创建一个虚接口

B. 配置 VLAN 虚拟路由接口的命令模式为 VLAN 配置模式

C. 配置命令中虚接口号必须与 VLAN ID 相同

D. 对于没有创建的 VLAN 也可以配置虚接口

12. 当源站点与目的站点通过一个三层交换机连接，而它们不在同一个 VLAN 里时，源站点要向目的站点发送数据，下面的哪些操作是必需的？（　　）

A. 两个主机都要配置网关地址

B. 两个 VLAN 都要配置 IP 地址

C. 两个 VLAN 必须配置路由协议

D. 两个主机必须获得对方的 VLAN ID 号

13. 三层交换机比路由器经济高效，但三层以太网交换机不能完全取代路由器的原因说法不正确的是（　　）。

A. 路由器可以隔离广播风暴

B. 路由器可以节省 MAC 地址

C. 路由器可以节省 IP 地址

D. 路由器路由功能更强大，更适合于复杂网络环境

14. VLAN 之间通过路由器通信，不正确的说法是（　　）。

A. VLAN 之间通过路由器通信可能会破坏划分 VLAN 所达到的广播隔离目的

B. VLAN 之间通过路由器通信时，主机需要配置网关地址，这个地址应该是路由器的一个路由接口地址，而不是所连接二层交换机的地址

C. 分别连接在两个不同 VLAN 中的主机的 ARP 表中有对方 IP 地址与 MAC 地址的映射表项，因为 ARP 请求是广播发送的，其他所有主机都可以得到请求，对方主机一定有回应

D. 以上说法都不正确

15. 以下说法正确的是（　　）。

A. 三层交换机使用最长地址掩码匹配的方法实现快速查找

B. 三层交换机使用精确地址匹配的方法实现快速查找

C. 在 VLAN 指定路由接口的操作实际上就是为 VLAN 指定一个 IP 地址、子网掩码和

MAC 地址，只有在给一个 VLAN 指定了 IP 地址、子网掩码和 MAC 地址后（MAC 地址不需要手工配置），该 VLAN 虚接口才成为一个路由接口

D. 路由器的路由接口与端口是一对一的关系，而三层交换机的路由接口与端口是一对多的关系

16. 关于不同 VLAN 之间的通信的说法不正确的是（　　）。

A. 一个二层交换机被划分为两个 VLAN，这两个 VLAN 之间是可以通信的

B. 一个三层交换机被划分为两个 VLAN，两个 VLAN 之间要通信，必须给这两个 VLAN 配置 IP 地址

C. 对于三层交换机，分别连接两个不同 VLAN 的主机的 ARP 表中有对方 IP 地址与 MAC 地址的映射表项，这样这两台主机才能够通信

D. 不同 VLAN 之间通过路由器通信，路由器在这里所起的作用只是转发数据报

17. 以下关于三层交换和路由器的关系描述正确的是（　　）。

A. 三层交换和路由器实现逻辑上完全相同的功能

B. 三层交换机通过硬件实现查找和转发

C. 传统路由器通过硬件实现查找和转发

D. 二层交换机的转发路由表与路由器一样，需要软件通过路由协议来建立和维护

项目 5　交换网的优化设计

教学目标

知识教学目标	技能培养目标
● 了解冗余链路备份技术 ● 了解冗余技术带来的问题 ● 理解生成树协议的工作原理 ● 理解链路聚合技术工作原理	● 熟练生成树协议配置，并运用该协议解决实际问题 ● 熟练聚合链路的配置，并运用该技术解决实际问题

项目引入：冗余交换网络的组建

上个项目中的局域网结构采用星形拓扑，如图 5-1 所示。星形拓扑的特点是单链路数据传输，一旦核心节点出现故障，整个网络会瞬间瘫痪。

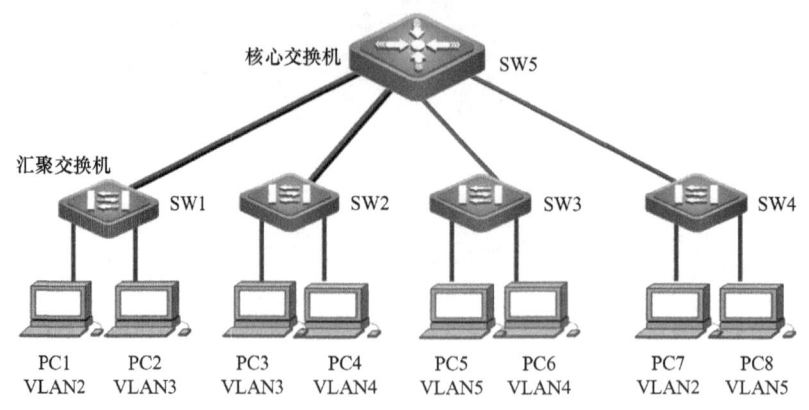

图 5-1　星形拓扑交换网

为了提高网络可靠性，消除单点失效故障问题，需要进一步改造网络，升级后的网络采用链路备份技术，核心层交换机 SW5 和 SW6 互相冗余，如图 5-2 所示。但是使用冗余技术后，会在交换网络上生成环路，并导致广播风暴以及 MAC 地址表不稳定等故障现象。

生成树协议会很好地解决交换网络中的环路问题，它将网络修剪出一棵无环的树，并在主链路故障后，自动启用备份链路，使网络工作正常。

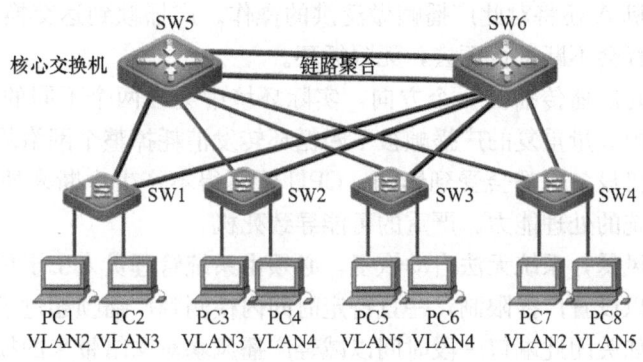

图 5-2 冗余交换网络拓扑图

相关知识

5.1 冗余交换网与生成树协议

5.1.1 冗余拓扑与桥接环路的危害

图 5-2 中的网络采用冗余拓扑结构的设计方式,导致交换局域网中出现了多个闭合环,而交换局域网通信采用广播方式进行,这样,在局域网中的这种冗余拓扑设计方案会给局域网带来一些问题,具体如下。

(1) 广播风暴

如图 5-3 所示,这是一个存在物理环路的二次网络,主机 A 发送了一个广播数据帧,交换机 A 接收到广播帧,做泛洪处理,转发至另外两个端口。我们先对交换机 A 的 F0/1 端口的广播帧进行分析,该帧将到达交换机 B 的 F0/1 端口。交换机 B 从 F0/1 端口上收到了一个广播数据帧,也做泛洪处理,通过上方的 F0/2 端口转发此帧,交换机 A 将在自己的 F0/2 端口重新接收到这个广播帧。

由于交换机执行的是透明桥的功能,转发数据帧时不对帧做任何处理。所以对于再次到

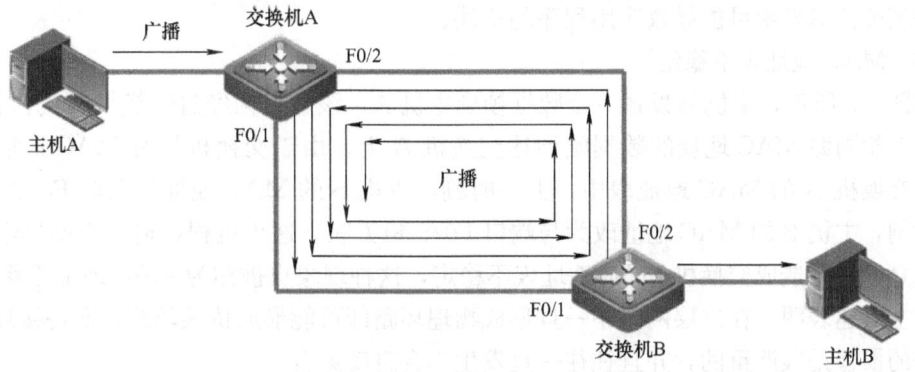

图 5-3 广播风暴

来的广播帧，交换机 A 还将对此广播帧做泛洪的操作。广播帧到达交换机 B 后也会做同样的操作，并且此过程会不断进行下去，无限循环。

以上分析的只是广播传播的一个方向，实际环境中会在两个不同的方向上产生这一过程。在很短的时间内大量重复的广播帧被不断循环转发消耗掉整个网络的带宽，而连接在这个网段上的所有主机设备也都会受到影响，CPU 将不得不产生中断来处理不断到来的广播帧，极大地消耗系统的处理能力，严重的可能导致死机。

一旦产生广播风暴，系统无法自动恢复，必须由系统管理员人工干预恢复网络状态。某些设备在端口上可以设置广播限制，一旦特定时间内检测到广播帧超过了预先设置的阈值即可进行某些操作，如关闭此端口一段时间以减轻广播风暴对网络带来的损害。但这种方法并不能真正消除二层环路带来的危害。

（2）多帧复制

如图 5-4 所示，主机 A 发送一单播数据帧，目的地为主机 B 的本地接口，而此时主机 B 本地接口的 MAC 地址对于交换机 A 和 B 都是未知的。

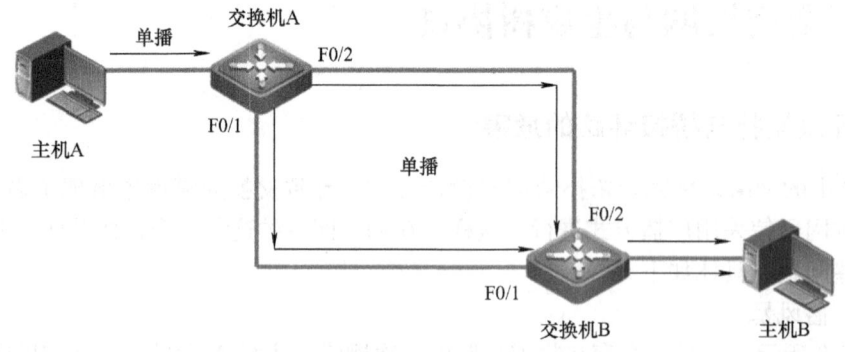

图 5-4　多帧复制

当交换机 A 收到主机发送过来的数据帧后，由于交换机 A 的 MAC 地址表是空表，交换机将会进行洪泛操作，将此数据帧分别从 F0/1 和 F0/2 端口转发出去，两个重复的数据帧到达交换机 B；交换机 B 的情况与交换机 A 相同，也会对接收到的两个数据帧进行洪泛操作，两个重复的数据帧再次到达主机 B 的本地接口。根据上次协议与应用的不同，同一个数据帧被传输多次可能导致应用程序的错误。

（3）MAC 地址表不稳定

如图 5-5 所示，主机 B 发送一个数据帧到主机 A，该数据帧经过交换机 B 的洪泛转发，会有两个相同源 MAC 地址的数据帧到达交换机 A 上。由于交换机具有 MAC 地址学习功能，在交换机 A 的 MAC 地址表中，上一时刻，主机 B 的 MAC 地址与端口 F0/3 相关联，下一时刻，主机 B 的 MAC 地址改为与端口 F0/5 相关联。这个过程，造成交换机学习到错误的信息，并且造成交换机 MAC 地址表不稳定，这种现象也被称为 MAC 地址漂移。

以上所述表明，在二层网络中一旦形成物理环路即可能形成桥接环路，而桥接环路给网络带来的损害是很严重的，并且往往一旦发生不会自动愈合。

在实际的组网应用中经常会形成复杂的多环路连接，面对如此复杂的环路，网络设备必

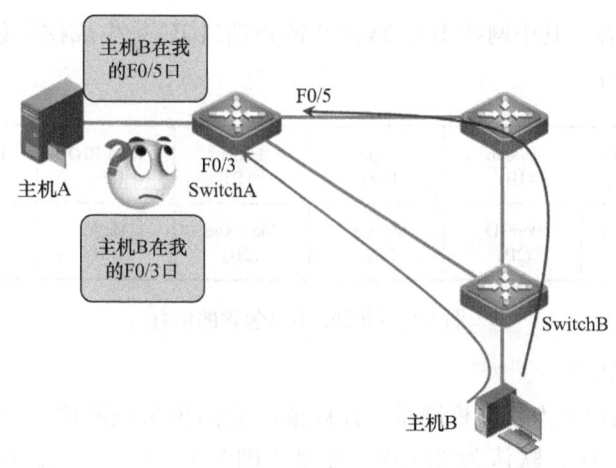

图 5-5　MAC 地址表不稳定

须有一种解决办法，使得在存在物理环路的情况下阻止桥接环路的发生。

5.1.2　生成树协议

生成树协议（Spanning-Tree Protocol，STP）最初是由数字设备公司（Digital Equipment Corp，DEC）开发的，后经电气和电子工程师协会（Institute of Electrical and Electronics Engineers，IEEE）进行修改，最终制定了相应的 IEEE802.1d 标准。STP 协议的主要功能就是为了解决备份链路所产生的环路问题。

1. STP 的设计思想

学习计算网络的人一定对树形结构不陌生，它的最大特点就是没有环路。如果我们可以对环形结构的网络进行修剪，也就是说去除一部分链路，就成了树，没有环路的网络当然就减小了广播风暴的概率。

因此 STP 的设计思想是当网络中存在备份链路时，只允许主链路激活，阻塞备用链路，而当主链路因故障而断开后，才会启用备用链路。这里做链路修剪时需要关注两个问题：一是不能将冗余真正地断开，否则就失去了备份的作用；二是要确定阻塞哪条链路，只有选择正确才能提高工作效率。于是，STP 中定义了根交换机（Root Bridge）、根端口（Root Port）、指定端口（Designated Port）、路径开销（Port Cost）等概念，目的就在于通过构造一棵自然树的方法达到阻塞冗余环路的目的，同时实现链路备份和路径最优化。用于构造这棵树的算法称为生成树算法（Spanning-Tree Algorithm，STA）。

2. STP 的基本概念

要实现上述功能，交换机之间必须进行一些信息的交流，这些信息交流单元就称为桥协议数据单元（Bridge Protocol Data Unit，BPDU）。STP BPDU 是一种二层报文，目的 MAC 是多播地址 01-80-C2-00-00-00，注意这里用到了多播而不是广播，因为这些数据只对参与构建的交换机有用，对于连接在交换机上的各终端，处理这些数据完全没有必要。所有支持 STP 的交换机都会接收并处理收到的 BPDU 报文。

如图 5-6 所示，在 BPDU 中主要包含了生成树协议版本、BPDU 类型、网桥 ID、路径

开销、端口 ID 等内容。其中网桥 ID、路径开销和端口 ID 是生成树协议所依赖的三个主要参数,对其解释如下:

Protocol ID (2B)	Version (1B)	Type (1B)	Flags (1B)	Root BID (8B)	Root Path (4B)
Sender BID (8B)	Port ID (2B)	M-Age (2B)	Max Age (2B)	Hello (2B)	FD (2B)

图 5-6　BPDU 主要包含的信息

(1) 网桥 ID (BID)

BID 决定网络的根节点,即根网桥,BID 最小的网桥为根网桥。BID 由 8 个字节构成,前 2 个字节表示优先级,默认为 32768,可取范围为 0～65535。后 6 个字节为交换机的 MAC 地址,如图 5-7 所示。

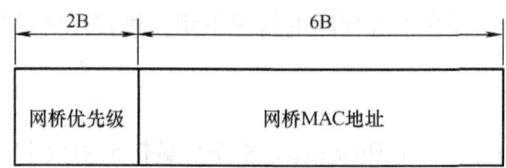

图 5-7　网桥 ID 的结构

(2) 路径开销

路径开销是用来衡量网桥之间距离的一个参数,是两个桥之间所有链路开销的总和。不同带宽的链路有不同的链路开销,开销由链路速度决定,其计算方法由 IEEE 制定,如表 5-1 所示。

表 5-1　路径开销

链路带宽	IEEE 802.1d
10GHz	2
1000MHz	4
100MHz	19
10MHz	100

交换机是用路径开销来决定到根交换机的最佳路径。最短链路组合具有最小累计路径开销,并成为到根交换机的最佳路径。

(3) 端口 ID

端口 ID 用来决定到根交换机的路径。它由 2 个字节构成,包括优先级和端口号,如图 5-8 所示。优先级是一个可配置的 STP 参数,在大多数交换机上为 0～255,默认为 128。

3. STP 的工作过程

STP 工作时要经过以下 4 个步骤。

(1) 选择根交换机(根网桥)

选择根交换机的依据是交换机优先级和交换机 MAC 地址组合成的网桥 ID,网桥 ID 最小

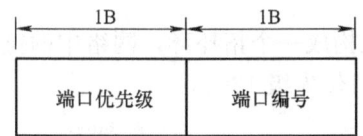

图 5-8 端口 ID 的结构

的交换机将成为网络中的根交换机。在进行网桥 ID 比较时，先比较交换机优先级，优先级值小的为根网桥；当优先级值相等时，再比较交换机 MAC 地址，MAC 地址小的为根网桥。

在交换机刚启动时，总是将自己的 BID 存入 Root BID 域，之后如果收到更小 BID 的 BPDU，则将该 BPDU 中的相关交换机选为根网桥，并进行发送。

（2）选择根端口

根端口就是路径开销最小、最靠近根交换机的端口，每一个非根交换机必须选择一个根端口。若某非根交换机上的所有端口到根路径成本相同，则按照上行直连交换机 ID 最小进行选择；若标准仍然相同，则按照上行直连端口 ID 最小进行选择。

（3）选择指定端口

桥接网络的每个网段必须有一个指定端口，它既能向根交换机发送流量，也能从根交换机接收流量。一个包含指定端口的网桥称为指定网桥。指定端口也是依照到根交换机的路径成本选定，如果成本相同，则根据所在交换机 ID 最小来确定。

（4）堵塞非根非指定端口，形成无环拓扑

最后一步，把非根非指定的其他端口堵塞，便生成了一棵树，形成无环拓扑。

4. STP 端口状态

当运行 STP 的交换机启动之后，其所有的端口都要经过一定的端口状态变化过程。在这个过程中，STP 要通过交换机间传递 BPDU 决定网桥的角色（根桥、非根桥）、端口的角色（根端口、指定端口、非指定端口）以及端口的状态。

交换机的端口可能处于禁用、阻塞、监听、学习、转发等状态。

1）Disabled（禁用状态）：禁用状态是管理性地关闭 STP 状态，它不是正常 STP 端口状态的一部分。

2）Blocking（阻塞状态）：此状态是初始启用端口之后的状态。端口不能接收或传输数据，也不能把 MAC 地址加入 MAC 地址表，只能接收 BPDU，此状态持续 20s。在交换机初始化之后，所有端口由阻塞状态开始。

3）Listening（监听状态）：如果一个端口可以成为根端口或指定端口，它就转入监听状态。此时端口不能接收或传输数据，也不能把 MAC 地址加入 MAC 地址表，但是可以接收或发送 BPDU。选择根交换机、根端口和指定端口都发生在监听期间。指定端口或根端口在 15s 后进入学习状态。

4）Learning（学习状态）：学习状态的生存时间受转发延迟定时器的控制，默认为 15s。在学习状态下，端口不能传输数据，但可以发送和接收 BPDU，也可以学习 MAC 地址。

5）Forwarding（转发状态）：这个二层端口已经成为了活动拓扑的一个组成部分，它会转发数据帧，并同时收发 BPDU。

5. STP 工作过程案例

如图 5-9 所示，4 台交换机构成一个拓扑环，网络中的链路均为百兆链路，且交换机均为默认优先级 32768 和默认端口优先级 128。

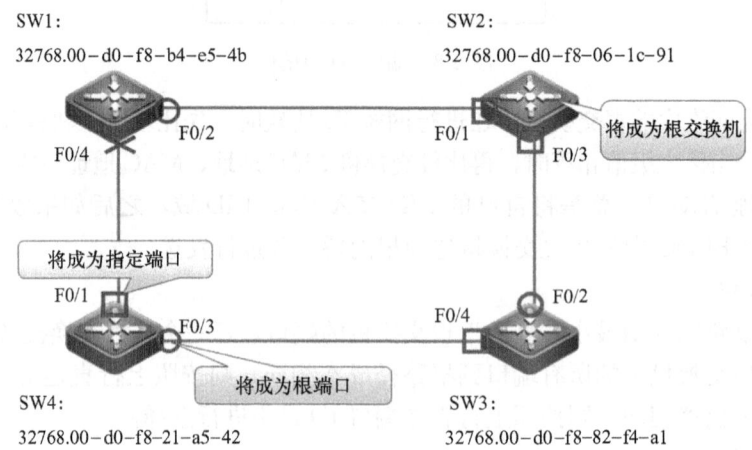

图 5-9　生成树的实现过程

若在交换机上都启用 STP，生成树的实现过程如下：

1）选择根交换机：根据交换机 ID 选择根交换机，ID 值最小者当选。本案例中 4 台交换机优先级相同，则考虑 MAC 地址大小，SW2 的 MAC 地址最小，将成为根交换机。

2）在非根交换机（SW1、SW3、SW4）上选择根端口：选择依据依次为根路径成本最小、上行连接交换机 ID 最小、上行连接端口 ID 最小。最终，SW1 的 F0/2 端口、SW3 的 F0/2 端口和 SW4 的 F0/3 端口成为根端口。

3）在每个网段中选取一个指定端口：选择依据依次为根路径成本最小、所在交换机 ID 最小、端口 ID 最小。最终，SW2 的两个端口、SW3 的 F0/4 端口和 SW4 的 F0/1 端口成为指定端口。

4）堵塞其他端口，即堵塞 SW1 的 F0/4 端口，生成树实现。

5.1.3　生成树协议配置实例

ZXR10 3900A/3200A 系列交换机上运行生成树功能的基本配置就是关闭和打开生成树功能。一旦启用打开生成树功能，交换机便会自动运算生成一棵生成树。

在图 5-10 所示的网络拓扑中，3 台 ZXR10 3928 交换机物理拓扑构成一个环，主要配置步骤如下：

（1）生成树协议的基本配置

3928-1 的配置：

```
ZXR10（config）# spanning-tree enable        //开启生成树协议
ZXR10（config）# spanning-tree mode sstp
//配置生成树协议模式为 SSTP（在中兴交换机中将 STP 称为 SSTP）
```

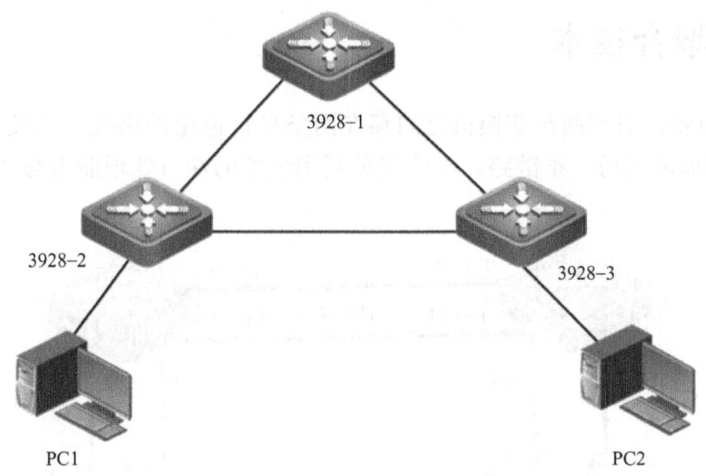

图 5-10 配置实例拓扑结构

3928-2 的配置：

ZXR10（config）#spanning-tree enable
ZXR10（config）#spanning-tree mode sstp

3928-3 的配置：

ZXR10（config）#spanning-tree enable
ZXR10（config）#spanning-tree mode sstp

(2) 查看 STP 信息

用以下命令查看 STP 信息：

ZXR10#show spanning-tree instance 0

(3) 优化生成树设置

以上交换机生成树的基本配置只是让交换机自动运算生成一棵生成树。还可以修改生成树的一些特性参数来改变生成树的结构，提高生成树的性能。

例如，图 5-10 所示的拓扑结构中，3928-1 这台交换机性能最好，但其优先级默认和另外两台相同，数值都为 32768。为保证其成为根网桥，可设定该台交换机的优先级别最高。

ZXR10（config）#spanning-tree mst instance 0 priority 4096
//优先级必须为 4096 的倍数，最大为 61440（15×4096）

若是思科交换机产品，配置如下：

Switch（config）#spanning-tree mode rapid-pvst
Switch（config）#spanning-tree vlan 1 priority 4096

5.2 链路聚合技术

如图 5-11 所示，对于两台交换机之间存在两条平行链路的情况，若使用 STP，则 STP 将保留一条链路而阻塞另一条链路，不能充分利用设备的端口处理能力与物理链路。

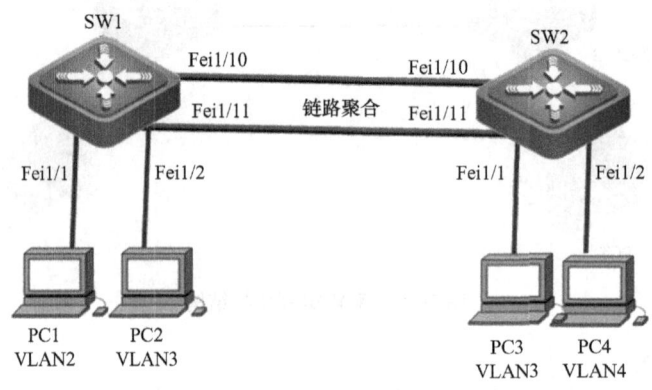

图 5-11 链路聚合技术

如果使用链路聚合技术，STP 看到的是交换机之间一条大带宽的逻辑链路。使用链路聚合可以充分利用所有设备的端口及端口处理能力，流量在多条平行物理链路间进行负载均衡。当有一条链路出现故障时，流量会自动在剩下的链路间重新分配，并且这种故障切换所用的时间是毫秒级的，远快于 STP 的切换时间，对大部分应用都不会造成影响。

5.2.1 链路聚合技术概述

链路聚合（Link Aggregation）又称 Trunk，是指将多个物理端口捆绑在一起，成为一个逻辑端口，以实现出/入流量在各成员端口中的负荷分担，交换机根据用户配置的端口负荷分担策略决定报文从哪一个成员端口发送到对端的交换机。当交换机检测到其中一个成员端口的链路发生故障时，就停止在此端口上发送报文，并根据负荷分担策略在剩下的链路中重新计算报文发送的端口，故障端口恢复后再次重新计算报文发送端口。链路聚合在增加链路带宽、实现链路传输弹性和冗余等方面是一项很重要的技术。

链路聚合又分为静态 Trunk 和 LACP 两种链路聚合方式。

静态 Trunk 将多个物理端口直接加入 Trunk 组，形成一个逻辑端口，这种方式不利于观察链路聚合端口的状态。

LACP（Link Aggregation Control Protocol）即链路聚合控制协议，遵循 IEEE 802.3ad 标准。LACP 通过协议将多个物理端口动态聚合到 Trunk 组，形成一个逻辑端口。LACP 自动产生聚合以获得最大的带宽。

5.2.2 链路聚合的配置

在图 5-11 所示的网络拓扑中，SW1 和 SW2 之间通过 Smartgroup 端口相连，它们分别由两个物理端口聚合而成。Smartgroup 的端口模式为 Trunk，承载 VLAN 2 和 VLAN 3。

SW1 的配置如下：
(1) 配置 VLAN

```
ZXR10（config）# vlan 2
ZXR10（config-vlan）#switchport pvid fei_1/1        //PC1 划分到 VLAN 2
ZXR10（config）#exit
ZXR10（config）# vlan 3
ZXR10（config-vlan）#switchport pvid fei_1/2        //PC2 划分到 VLAN 3
ZXR10（config）#exit
```

(2) 创建链路聚合（Link Aggregation）

```
ZXR10（config）# interface smartgroup1        // 创建链路聚合组
ZXR10（config）#smartgroup mode 802.3ad
//"802.3ad" 实现动态链路聚合，"on" 实现静态链路聚合
ZXR10（config）#exit
```

(3) 将端口加入到链路聚合组

```
ZXR10（config）# interface fei_1/10
ZXR10（config-if）# smartgroup 1 mode active    //fei_1/10 端口加入链路聚合组
ZXR10（config）# interface fei_1/11
ZXR10（config-if）# smartgroup 1 mode active    //fei_1/11 端口加入链路聚合组
```

(4) 配置链路聚合组模式

```
ZXR10（config）# interface smartgroup1
ZXR10（config-if）# switchport mode trunk
ZXR10（config-if）#switchport trunk vlan 10
ZXR10（config-if）#switchport trunk vlan 20
ZXR10（config）#exit
```

SW2 的配置类似。
(5) 查看配置结果

```
ZXR10 #show lacp 1 internal1        //查看 smartgroup 信息
ZXR10#show vlan                     //查看 vlan 信息
ZXR10#show interface brief          //查看端口信息
```

SW2 的配置类似。
若采用思科设备，配置命令如下：

```
Switch#config t
Switch（config）#interface range f1/10-11
Switch（config-if-range）#Switchport mode trunk      //设置端口模式为 Trunk
Switch（config-if-range）#channel-group 1 mode on    //加入链路组 1 并开启
Switch（config-if-range）#exit
Switch（config）#port-channel load-balance dst-ip
//按照目标主机 IP 地址的数据分发来实现以太网通道组负载平衡
Switch（config）#exit
Switch#show etherchannel summary      //显示以太网通道组的情况
```

技能训练：交换网络综合设计及配置

训练标准：
1) 掌握交换机的基本配置模式和常用配置命令。
2) 掌握 STP 的应用配置。
3) 掌握聚合链路技术的应用配置。

训练目标：
如图 5-12 所示，对局域网进行基本的 VLAN 规划，完成如下配置：
1) 将二层交换机 SW1、SW2 划分端口到相应 VLAN。
2) 同一 VLAN 的主机相互可以通信，不同 VLAN 的主机互相不能通信。
3) 在二层交换机 SW1~SW6 上配置 STP，查看各个 VLAN 的根桥。
4) 在 SW5 和 SW6 之间配置链路聚合，增强网络的可靠性和带宽。

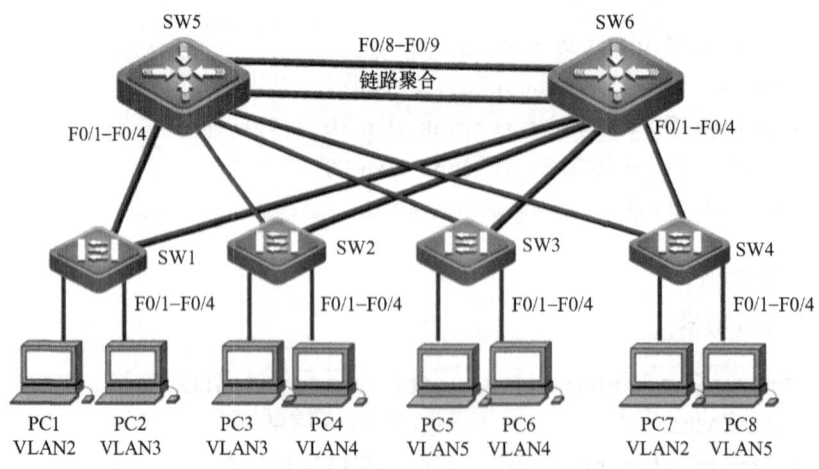

图 5-12　交换局域网组网

训练步骤：
1) 按照训练目标 1)~4) 的要求，在 Packet tracer 仿真软件中完成本训练的仿真。

2) 按照训练目标 1)～4) 的要求，完成实际二层交换机设备的配置。
3) 将实际设备配置与 Packet tracer 仿真配置进行对比，比较其异同。
参考课时：6 学时（其中 Packet tracer 仿真配置 2 学时，实际设备配置 4 学时）。

理 论 训 练

一、填空题

1. 冗余交换网络，可能会带来_____、_____ 和_____三个问题。
2. 生成树协议是为了解决_____问题而提出来的。
3. 在生成树协议的几种状态中，只有_____状态可以转发用户数据。
4. 交换机标识由两部分组成，即交换机的_____和_____。
5. IEEE 802 委员会制定的生成树协议规范为_____。
6. 链路聚合又分为_____和_____两种链路聚合方式。

二、不定项选择题

1. 如果以太网交换机中某个运行 STP 的端口不接收或转发数据，接收并发送 BPDU，不进行地址学习，那么该端口应该处于（   ）状态。

　　A. Blocking　B. Listening　C. Learning　D. Forwarding　E. Waiting　F. Disable

2. 如果以太网交换机中某个运行 STP 的端口不接收或转发数据，接收但不发送 BPDU，不进行地址学习，那么该端口应该处于（   ）状态。

　　A. Blocking　B. Listening　C. Learning　D. Forwarding　E. Waiting　F. Disable

3. 如果以太网交换机中某个运行 STP 的端口不接收或转发数据，接收、处理并发送 BPDU，进行地址学习，那么该端口应该处于（   ）状态。

　　A. Blocking　B. Listening　C. Learning　D. Forwarding　E. Waiting　F. Disable

4. 如果以太网交换机中某个运行 STP 的端口接收并转发数据，接收、处理并发送 BPDU，进行地址学习，那么该端口应该处于（   ）状态。

　　A. Blocking　B. Listening　C. Learning　D. Forwarding　E. Waiting　F. Disable

5. 关于 STP 的说法正确的是（   ）。

　　A. Bridge ID 值由网桥的优先级和网桥的 MAC 地址组合而成，前面是优先级，后面是 MAC 地址。

　　B. 以太网交换机的默认优先级值是 32768

　　C. 优先级值越小优先级越低

　　D. 优先级相同时，MAC 地址越小优先级越高

　　E. Bridge ID 值大的将被选为根桥

6. 下列关于 STP 的说法正确的是（   ）。

　　A. 在结构复杂的网络中，STP 会消耗大量的处理资源，从而导致网络无法正常工作

　　B. STP 通过阻断网络中存在的冗余链路来消除网络可能存在的路径环路

　　C. 运行 STP 的网桥间通过传递 BPDU 来实现 STP 的信息传递

　　D. STP 可以在当前活动路径发生故障时激活被阻断的冗余备份链路来恢复网络的连通性

7. 在图 5-13 所示的交换网络中，所有交换机都启用了 STP。根据图中的信息来看，（　　）交换机会被选为根桥。

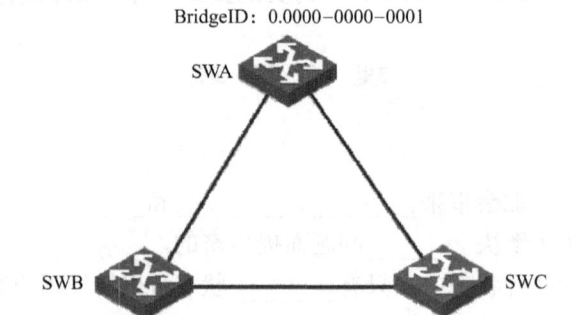

图 5-13　交换网拓扑

A. SWA　　　B. SWB　　　C. SWC　　　D. 以上都不是

8. 在图 5-14 所示的交换网络中，所有交换机都启用了 STP。根据图中的信息来看，（　　）交换机会被选为根桥。

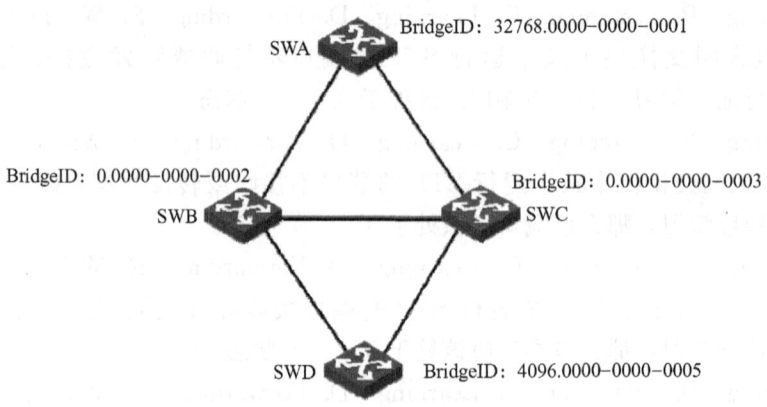

图 5-14　交换网拓扑

A. SWA　　　　　　　　　B. SWB　　　　　　　　　C. SWC
D. SWD　　　　　　　　　E. 信息不足，无法判断

9. 在图 5-15 所示的交换网络中，所有交换机都启用了 STP。SWA 被选为了根桥。根据图中的信息来看，（　　）端口应该被置为 Blocking 状态。

A. SWB 的 P1　　　　　　B. SWB 的 P2　　　　　　C. SWC 的 P1
D. SWC 的 P2　　　　　　E. 信息不足，无法判断

10. 在图 5-15 所示的交换网络中，所有交换机都启用了 STP。SWA 被选为了根桥。根据图中的信息来看，（　　）端口应该被置为 Forwarding 状态。

A. SWA 的 P1　　　　　　B. SWA 的 P2　　　　　　C. SWC 的 P1
D. SWC 的 P2　　　　　　E. 信息不足，无法判断

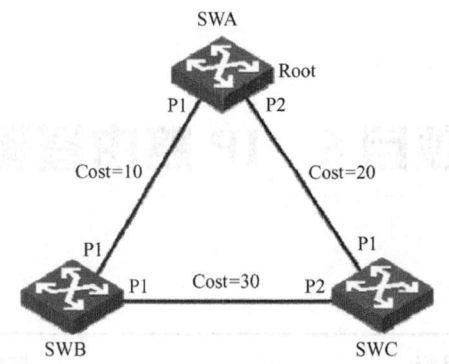

图 5-15　交换网拓扑

11. 在图 5-16 所示的交换网络中，所有交换机都启用了 STP。SWA 被选为了根桥。根据图中的信息来看，（　　）端口应该被置为 Blocking 状态。

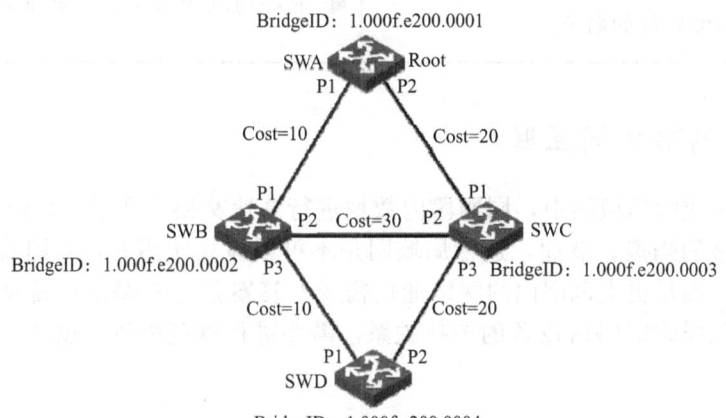

图 5-16　交换网拓扑

A. SWC 的 P1　　　　　　B. SWC 的 P2　　　　　　C. SWD 的 P1
D. SWD 的 P2　　　　　　E. 信息不足，无法判断

三、简答题

1. 冗余交换网络拓扑解决了什么问题？带来的危害有哪些？
2. 生成树协议的目的是什么？
3. 简述链路聚合技术的主要功能。

项目 6 IP 路由基础

教学目标

知识教学目标	技能培养目标
● 了解路由的基本概念以及在网络中的应用 ● 掌握路由协议种类及路由协议分类方式 ● 熟悉静态路由协议的特点	● 能够熟练配置静态路由以及默认路由 ● 能够熟练运行静态路由实现网络互联 ● 能够通过查看路由表排除网络故障

项目引入：网络之间互联

在交换机组成的局域网中，同网段内数据进行高速交换，通过 VLAN 技术，实现了交换网络广播域的隔离。然而，这种局域网是不可以孤立使用的，否则就失去了网络通信的意义。如何满足更大范围内的网络通信需求？答案是需要路由设备将多个局域网互联起来。所以怎样确定路由设备的拓扑关系，需要进行哪些配置，就成了当前必须解决的问题。

相关知识

6.1 IP 通信的路由过程

随着网络规模的增大，让每台计算机或网络设备记住互联网络上其他所有计算机的地址是不切实际的。路由器解决了把多种类型的网络联系到一起的问题，它属于网络层设备，在数据传输和转发时，不考虑二层地址的问题，直接接收和处理三层数据。正如我们向外地寄信，街道和门牌号对于中转站是没有意义的，只对投递邮局有意义。那么路由器是如何正确地将数据包传输到目的地？路由器之间又是如何交换路由信息的呢？

6.1.1 路由功能

路由器的两个基本功能是路由功能和交换功能，其交换/转发指的是数据在路由器内部传送与处理的过程。路由器从一个接口接收数据，然后根据路由表选择合适的接口进行转发，其间做帧的封装与解封装。

学习和维持网络拓扑结构知识的机制被认为是路由功能。要实现路由功能，需要路由器学习和维护以下基本信息：

1) 路由协议。路由协议的种类有很多，如 RIP、OSPF、EGP、BGP、IGRP、EIGRP 等，路由器必须能够识别不同的路由协议，并根据不同的路由协议算法学习网络的拓扑机制。

2) 接口的 IP 地址、子网掩码和网关 IP 地址。一旦在接口上配置了 IP 地址和子网掩码，即在接口上启动了 IP 协议，默认情况下 IP 路由是打开的，路由器一旦在接口上配置了三层的地址信息就可以转发 IP 数据包。

3) 目的网络 IP 地址。通常 IP 数据包的转发依据的是目的网络地址，路由表中必须有目的网络的路由条目才能够转发数据包，否则 IP 数据包将被路由器丢弃。

4) 下一跳 IP 地址。下一跳地址信息提供了数据包转发所要到达的下一个路由器的入口 IP。

路由器要实现数据的交换/转发过程，其间做帧的封装与解封装，并对数据包做相应的处理，要具备以下功能：

1) 当数据帧到达某一端口时，端口对帧进行 CRC 校验并检查其目的数据链路层地址是否与本端口符合，如果通过检查，则去掉帧的封装并读出 IP 数据包中的目的地址信息，查询路由表，决定转发接口与下一跳地址。

2) 获得了转发接口与下一跳地址信息后，路由器将查找缓存中是否已经有了在外出接口上进行数据链路层封装所需的信息。如果没有这些信息，路由器则通过相应的进程获得这些信息。外出接口如果是以太网接口，将通过 ARP 获得下一跳 IP 地址所对应的 MAC 地址；如果外出接口是广域网接口，则通过手工配置或自动实现的映射过程获得相应的二层地址信息。

3) 做新的数据链路层封装并依据外出接口上所做的 QoS 策略进入相应的队列，等待端口空闲进行数据转发。

6.1.2 同一网络内部的通信

在学习路由器之前，我们用交换机只能实现同网段之间的数据转发。为了便于讨论，不妨假设"IP 层眼中的网络"，如图 6-1 所示，网络 A 是一个以太网，内部有两台主机想要互相通信。

首先主机 A 通过本机的 HOSTS 表或 WINS 系统或 DNS 系统先将主机 B 的计算机名转换为 IP 地址，然后用自己的 IP 地址与子网掩码计算出自己所处的网段，比较目的主机 B 的 IP 地址，发现与自己是处于相同的网段。于是在自己的 ARP 缓存中查找是否有主机 B 的 MAC 地址，如果能找到就直接做数据链路层封装并通过网卡将封装好的以太数据帧发送到物理线路上去；如果 ARP 缓存表中没有主机 B 的 MAC 地址，主机 A 将启动 ARP 通过在本地网络上的 ARP 广播来查询主机 B 的 MAC 地址，获得主机 B 的 MAC 地址后写入 ARP 缓存表，进行数据链路层封装，发送数据。其通信过程如图 6-2 所示。

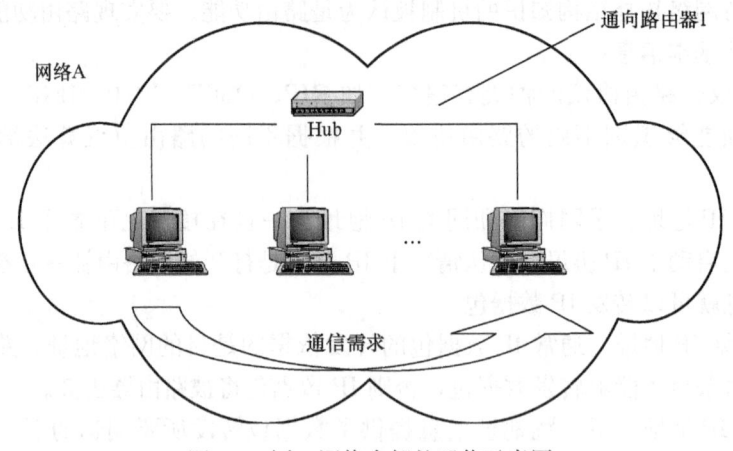

图 6-1 同一网络内部的通信示意图

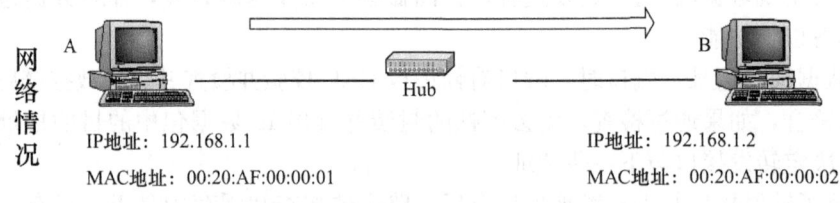

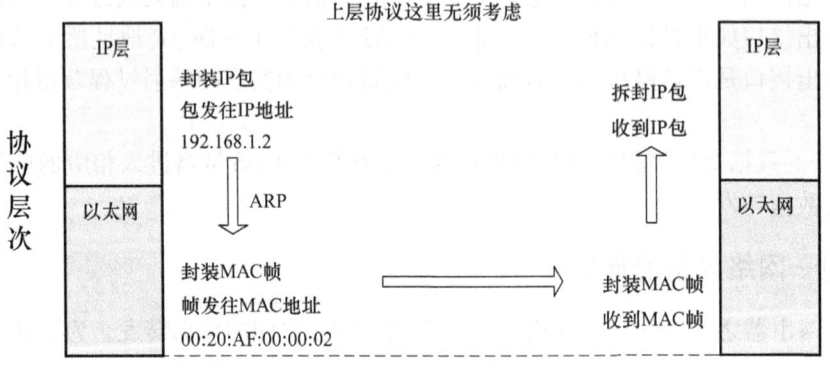

图 6-2 同网段通信过程

6.1.3 不同网段之间的通信

了解了同一网络内部的通信之后,我们再来看不同网络之间的通信。假设"IP 层眼中的网络"一图中,网络 A 中有一台主机想要和网络 B 中一台主机通信,如图 6-3 所示。

不同的数据链路层网络必须分配不同网段的 IP 地址并且由路由器将其连接起来。

主机 A 通过本机的 HOSTS 表、WINS 系统或 DNS 系统先将主机 B 的计算机名转换为 IP 地址,然后用自己的 IP 地址与子网掩码计算出自己所处的网段,比较目的主机 B 的 IP 地址,发现与自己处于不同的网段。于是主机 A 将知道应该将此数据包发送给自己的默认网关,即路由器的本地接口。主机 A 在自己的 ARP 缓存中查找是否有默认网关的 MAC 地

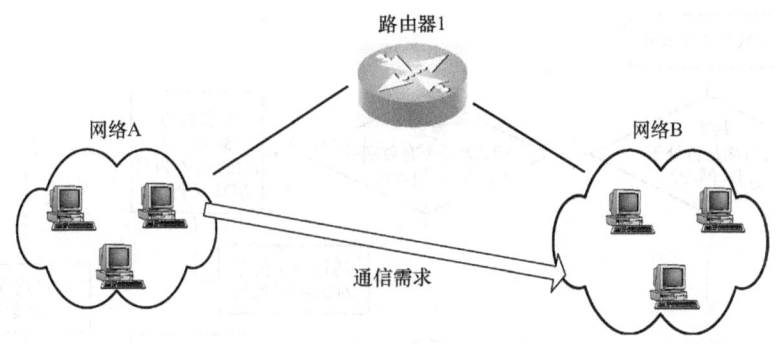

图 6-3 不同网络之间的通信示意图

址,如果能找到就直接做数据链路层封装并通过网卡将封装好的以太数据帧发送到物理线路上去;如果 ARP 缓存表中没有默认网关的 MAC 地址,主机 A 将启动 ARP 通过在本地网络上的 ARP 广播来查询默认网关的 MAC 地址,获得默认网关的 MAC 地址后写入 ARP 缓存表,进行数据链路层封装,发送数据。

数据帧到达路由器的接收接口后首先解封装,变成 IP 数据包,对 IP 数据包进行处理,根据目的 IP 地址查找路由表,决定转发接口后做适应转发接口数据链路层协议的帧的封装,并发送到目的主机,如图 6-4 所示。

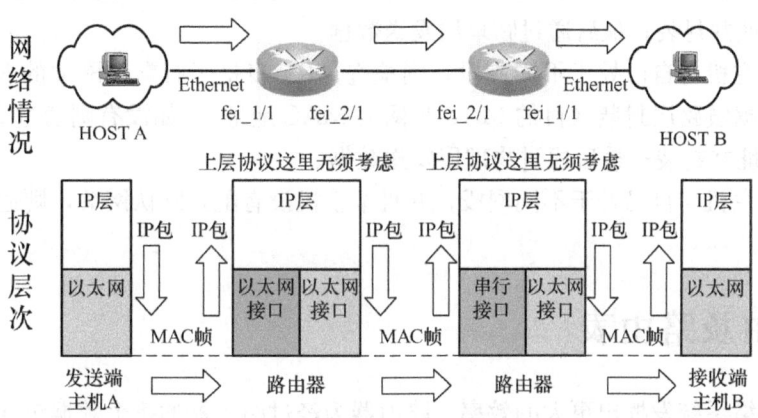

图 6-4 跨网段通信过程

6.1.4 IP 通信流程

通过对 IP 通信中同网段和不同网段数据转发过程的分析,下面将 IP 通信流程用图 6-5 表示出来。

对以上 IP 通信流程总结如下:

首先通过某种方法将对端主机的主机名转换为 IP 地址,如通过本机的 HOSTS 表、WINS 系统或 DNS 系统进行名字解析。

然后判断与对端是否处于同一网段,判断的方法为:用自己的 IP 地址与子网掩码计算出自己所处的网段,比较目的主机 B 的 IP 地址,判断是否与自己处于同一网段。

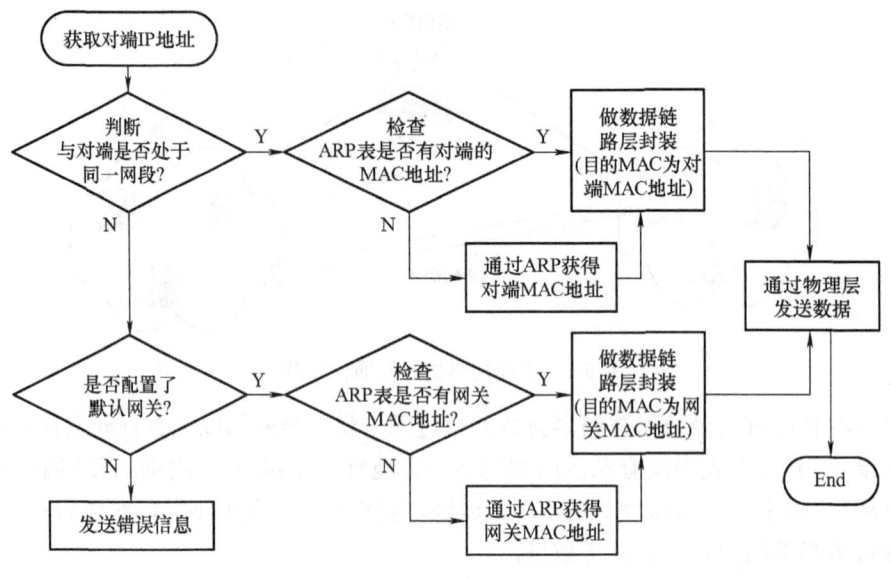

图 6-5　IP 通信流程

如果对端主机与自己处于同一网段，则检查 ARP 表是否有对端主机的 MAC 地址，如有就直接做数据链路层封装（目的 MAC 为对端 MAC 地址）；如没有则通过 ARP 获得对端主机 MAC 地址并封装；最后通过物理层发送数据。

如果对端主机与自己处于不同网段，则检查 ARP 表是否有默认网关的 MAC 地址，如有就直接做数据链路层封装（目的 MAC 为网关 MAC 地址）；如没有则通过 ARP 获得默认网关 MAC 地址并封装；最后通过物理层发送数据。

如果对端主机与自己处于不同网段，并且本主机没有配置默认网关，则通信终止，返回错误信息。

6.2　路由及路由表

为了让网络系统发挥出更大的效率，路由器为经过路由器的每个数据包寻找一条最佳传输路径，并将该数据有效地传送到目的站点。为了完成这项工作，在路由器中保存着各种传输路径的相关数据——路由表（Routing Table），供路由选择时使用。

6.2.1　路由表的结构

通常情况下，路由器根据接收到的 IP 数据包的目的网段地址查找路由表决定转发路径。路由表中需要保存着子网的标志信息，要到达此目的网段需要将 IP 数据包转发到哪一个下一跳相邻设备地址等，具体内容如图 6-6 所示。

下面对路由表的结构成分进行解释：

1）目的网络地址（Dest）：用于标识 IP 数据包要到达的目的逻辑网络或子网地址。

2）掩码（Mask）：目的网络地址的子网掩码。

```
IPv4 Routing Table:
Dest          Mask              Gw            Interface    Owner    Pri    Metric
10.10.10.0    255.255.255.0     20.20.20.1    fei_0/1      ospf     110    20
20.20.20.0    255.255.255.255   20.20.20.2    fei_0/1      direct   0      0
20.20.20.2    255.255.255.255   20.20.20.2    fei_0/1      address  0      0
30.30.30.0    255.255.255.0     30.30.30.1    fei_0/2      direct   0      0
30.30.30.1    255.255.255.255   30.30.30.1    fei_0/2      address  0      0
```

图 6-6　路由表的结构

3）下一跳地址（Gw）：与承载路由表的路由器相邻的路由器的端口地址，有时也把下一跳地址称为路由器的网关地址。

4）发送的物理端口（Interface）：学习到该路由条目的接口，也是数据包离开路由器去往目的地将经过的接口。

5）路由信息的来源（Owner）：表示该路由信息是怎样学习到的。路由表可以由管理员手工建立（静态路由表），也可以由路由选择协议自动建立并维护。路由表不同的建立方式也决定了其中路由信息的不同学习方式。

6）路由优先级（Pri）：决定了来自不同路由来源的路由信息的优先权，常用的各路由协议优先级如表 6-1 所示。

7）度量值（Metric）：路由条目的代价（延迟、带宽、线路占有率或跳数等）数值。

表 6-1　各路由协议的默认优先级

路由源	默认优先级
直连路由（Connected interface）	0
静态路由（Static route）	1
OSPF	110
RIP	120

6.2.2　路由表匹配过程及路由决策原则

（1）路由表匹配过程

当分组数据到达某个路由器时，路由器将依据路由表经过一个匹配过程后完成转发。路由表匹配过程如下：

1）从收到的数据包的首部提取目的 IP 地址（记为 D）。

2）若路由表中有目的地址为 D 的特定主机路由，则把数据包传送给路由表中指明的下一跳路由器；否则，执行 3）。

3）对路由表中的每一行（目的网络地址、子网掩码和下一跳地址），用其中的子网掩码和 D 逐位相"与"，看结果是否和相应的网络地址匹配。若匹配，则把分组数据包传送给该行指明的下一跳路由器（如果目的网络与该路由器直接相连，则进行直接交付），转发任务结束；否则，执行 4）。

4）若路由表中有一个默认路由，则把数据包传送给路由表中所指明的默认路由器；否则,报告转发分组出错。

(2) 路由决策原则

以上是路由器进行路由查找工作的基本过程,在这个过程中有时会出现一种比较特殊的情况:对于某一待转发的分组数据包,在路由表中同时有多个路由条目可用。

那么路由器该使用哪个路由条目转发数据包呢?需遵循以下路由决策原则:

1) 最长匹配原则:例如,目的网络地址为 10.1.1.1/8 和 10.1.1.1/16 的两条路由,前一条路由优先。

2) 管理距离最小原则:管理距离越小,路由越优先。例如,S 10.1.1.1/8 和 R 10.1.1.1/8 两条路由。前者为静态路由,其管理距离为 1;后者为距离矢量路由协议,其管理距离为 120,故前条路由优先。

3) 度量值(Metric)最小原则:和管理距离的判断原则一样,度量值(Metric)越小越优先。例如:S 10.1.1.1/8 [1/20] 和 S 10.1.1.1/8 [1/40] 两条路由相比较,前者优先。

6.3 路由协议的分类

路由器不是即插即用设备,路由信息必须通过配置才会产生,并且路由信息必须要根据网络拓扑结构的变化做相应的调整与维护。根据路由信息产生的方式和特点,路由协议可以分为直连路由、静态路由、默认路由和动态路由几种。

(1) 直连路由

路由器接口上配置的网段地址会自动出现在路由表中并与接口并联,这样的路由称为直连路由。

直连路由是由链路层发现的,一般指去往路由器的接口地址所在网段的路径,该路径信息不需要网络管理员维护,也不需要路由器通过某种算法进行计算获得,只要该接口处于活动状态(Active),路由器就会把通向该网段的路由信息填写到路由表中去。

直连路由的产生方式(Owner)为直连(Direct),路由优先级为 0,拥有最高路由优先级。其 Metric 值为 0,表示拥有最小 Metric,如图 6-7 所示。直连路由会随接口的状态变化在路由表中自动变化。当接口的物理层与数据链路层状态正常时,此直连路由会自动出现在路由表中。当路由器检测到此接口的链路断掉后,此条路由会自动消失。

```
IPv4 Routing Table:
Dest           Mask              Gw           Interface    Owner     pri    Metric
192.168.1.0    255.255.255.0     30.0.0.1     fei_0/1      direct    0      0
192.168.1.1    255.255.255.255   30.0.0.1     fei_0/1      address   0      0
ZXR10#
```

图 6-7 路由表中的直连路由

直连路由的优点是自动发现、开销小,缺点是只能发现本接口所属网段的路由信息,所以解决非直连网络的路由问题就要通过静态路由或者动态路由来完成。

(2) 静态路由

静态路由是指由用户或网络管理员手动配置的路由信息。当网络的拓扑结构或链路的状态发生变化时，网络管理员需要手动去修改路由表中相关的静态路由信息。静态路由信息在默认情况下是私有的，不会传递给其他的路由器。当然，网管员也可以通过对路由器进行设置使之成为共享的。静态路由一般适用于比较简单的网络环境，在这样的环境中，网络管理员易于清楚地了解网络的拓扑结构，便于设置正确的路由信息。

静态路由的一个优点是网络安全保密性高。动态路由因为需要路由器之间频繁地交换各自的路由表，而对路由表的分析可以揭示网络的拓扑结构和网络地址等信息，因此网络出于安全方面的考虑也可以采用静态路由。静态路由的另外一个优点是不占用网络带宽，因为静态路由不会产生更新流量。但是，在大型和复杂的网络环境通常不宜采用静态路由。一方面，网络管理员难以全面地了解整个网络的拓扑结构；另一方面，当网络的拓扑结构和链路状态发生变化时，路由器中的静态路由信息需要大范围地调整，这一工作的难度和复杂程度非常高。

静态路由在路由表中的产生方式（Owner）为静态（Static），路由优先级为1，其Metric值为0，如图6-8所示。

Dest	Mask	Gw	Interface	Owner	pri	Metric
172.16.8.0	255.255.255.0	1.1.1.1	fei_0/1	static	1	0

图6-8 路由表中的静态路由

（3）默认路由

默认路由是一种特殊的静态路由，指的是当路由表中与包的目的地址之间没有匹配的表项时路由器能够做出的选择。如果没有默认路由，那么目的地址在路由表中没有匹配表项的包将被丢弃。默认路由在某些时候非常有效，当存在末梢网络时，默认路由会大大简化路由器的配置，减轻管理员的工作负担，提高网络性能。

在路由表中，默认路由以到网络0.0.0.0（掩码为0.0.0.0）的路由形式出现，如图6-9所示。

Dest	Mask	Gw	Interface	Owner	pri	Metric
0.0.0.0	0.0.0.0	3.1.1.1	fei_0/1	static	1	0

图6-9 路由表中的默认路由

一般情况下，默认路由的应用场合有两种：一是使用默认路由作为指向Internet的路由；二是应用在多个目标网络存在相同的下一跳地址的网络。

6.4 静态路由和默认路由配置

1. 静态路由和默认路由的常用命令

1）配置静态路由的配置命令：在全局配置模式下，输入"ip route"，其后依次输入"目的网络地址""子网掩码"及"下一跳地址或出接口"。例如：

```
ZXR10（config）#ip route 192.168.10.0 255.255.255.0 172.16.2.1
//静态路由（目的网络为 192.168.10.0/24，下一跳地址为 172.16.2.1）
ZXR10（config）#ip route 192.168.10.0 255.255.255.0 serial 1/2
//静态路由（目的网络为 192.168.10.0/24，出接口为 serial 1/2）
```

2）查看静态路由的命令：

```
ZXR10#show ip route static
```

3）删除静态路由的配置命令：在全局配置模式下，输入"no ip route"，其后依次输入"目的网络地址""子网掩码"即可删除该条路由。例如：

```
ZXR10（config）#no ip route 192.168.10.0 255.255.255.0
//删除静态路由（目的网络为 192.168.10.0/24，下一跳地址为 172.16.2.1）
```

4）默认路由是一种特殊的静态路由，其配置命令格式与静态路由基本相同，只是其目的网络地址及子网掩码都为 0.0.0.0。例如：

```
ZXR10（config）#ip route 0.0.0.0 0.0.0.0 172.16.2.1
//找不到与目的网络地址相符合的条目时，则转发该数据包到 172.16.2.1 地址接口上
```

2. 静态路由和默认路由的配置实例

如图 6-10 所示的网络结构中，通过静态路由和默认路由实现全网互联互通。本实例可以采用两种方案实现：方案一是全部采用静态路由实现全网互联互通；方案二是静态路由和默认路由组合使用。

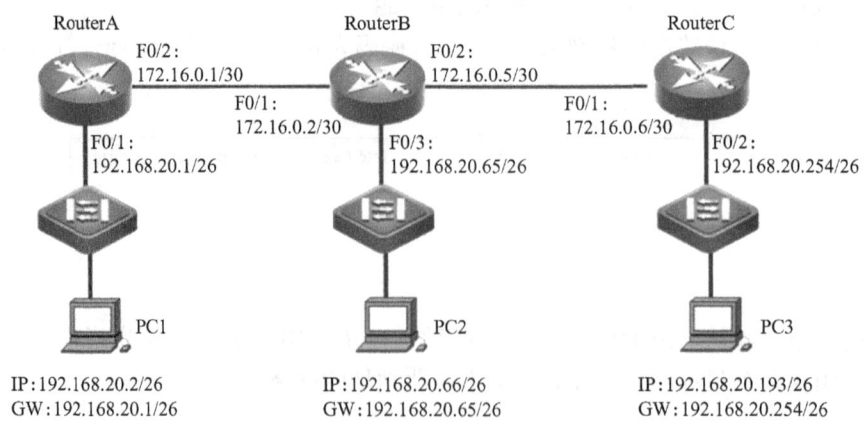

图 6-10 静态路由和默认路由配置实例

对于 RouterA 和 RouterB，除了直连子网外，到达其他子网的下一跳地址都是同一个地址，所以可以分别配置一条默认路由；对于 RouterC，到达其他子网存在两个下一跳地址，故采用静态路由和默认路由组合的配置方案。实现步骤如下：

(1) IP 地址规划

IP 地址规划如表 6-2 所示。

表 6-2 静态路由和默认路由配置实例的 IP 地址规划

设备及接口	IP 地址及子网掩码	设备及接口	IP 地址及子网掩码
PC1	192.168.20.2/26	RouterB 的 F0/1	172.16.0.2/30
PC2	192.168.20.66/26	RouterB 的 F0/2	172.16.0.5/30
PC3	192.168.20.193/26	RouterB 的 F0/3	192.168.20.65/26
RouterA 的 F0/1	192.168.20.1/26	RouterC 的 F0/1	172.16.0.6/30
RouterA 的 F0/2	172.16.0.1/30	RouterC 的 F0/2	192.168.20.254/26

(2) 配置主机 IP 地址以及路由器接口 IP 地址

此内容在前面项目中已学习，此处不再详述。

(3) 利用静态路由实现全网互联互通

RouterA 的配置：

RouterA（config）#ip route 192.168.20.64 255.255.255.192 172.16.0.2
//目标网络为 192.168.20.64/26 的静态路由
RouterA（config）#ip route 192.168.20.192 255.255.255.192 172.16.0.2
//目标网络为 192.168.20.192/26 的静态路由

RouterB 的配置：

RouterB（config）# ip route 192.168.20.0 255.255.255.192 172.16.0.1
//目标网络为 192.168.20.0/26 的静态路由
RouterB（config）# ip route 192.168.20.192 255.255.255.192 172.16.0.6
//目标网络为 192.168.20.192/26 的静态路由

RouterC 的配置：

RouterC（config）# ip route 192.168.20.0 255.255.255.192 172.16.0.5
//目标网络为 192.168.20.0/26 的静态路由
RouterC（config）# ip route 192.168.20.64 255.255.255.192 172.16.0.5
//目标网络为 192.168.20.64/26 的静态路由

(4) 静态路由和默认路由实现全网互联互通

若采用静态路由和默认路由相结合的方式，则会简化配置。

RouterA 的配置：

RouterA（config）#ip route 0.0.0.0 0.0.0.0 172.16.0.2

RouterB 的配置：

RouterB（config）# ip route 192.168.20.0 255.255.255.192 172.16.0.1
//目标网络为 192.168.20.0/26 的静态路由
RouterB（config）# ip route 0.0.0.0 0.0.0.0 172.16.0.6

RouterC 的配置：

RouterC（config）# ip route 0.0.0.0 0.0.0.0 172.16.0.5

技能训练：设计并配置跨网段的企业网

训练标准：
通过一个企业网组建项目，使学生能够设计并配置跨网段的企业网。

训练目标：
如图 6-11 所示，某企业用几台路由器把公司总部、网络管理中心和 2 个子公司连接成一个企业网，使得各部门以及各个子公司办公室的计算机均可以通信访问。要求：

1）进行 IP 规划设计。
2）完成网络物理拓扑。
3）配置各个接口的 IP 地址。
4）启动静态路由或默认路由。
5）配置每台计算机的 IP 地址、子网掩码和默认网关，测试网络连通性。

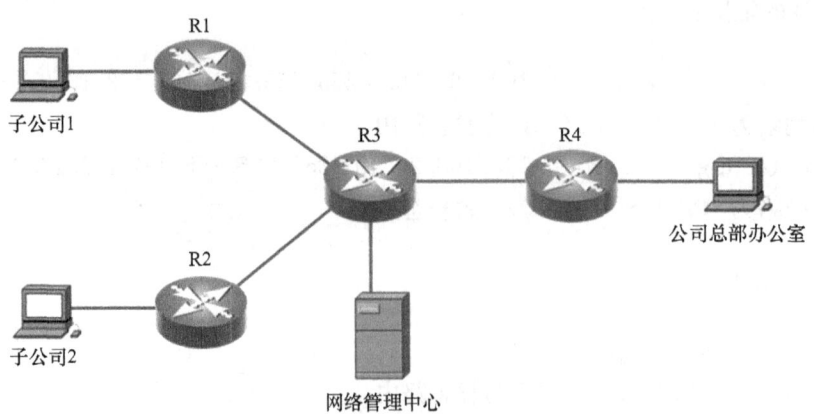

图 6-11　用路由器互联跨网段的企业网拓扑图

训练步骤：
1）按照训练目标 1）～5）的要求，在 Packet tracer 仿真软件中完成本训练的仿真。
2）按照训练目标 1）～5）的要求，完成实际设备的配置。
3）将实际设备配置与 Packet tracer 仿真配置进行对比，比较其异同。

参考课时：4 学时（其中 Packet tracer 仿真配置 2 学时，实际设备配置 2 学时）。

理 论 训 练

一、填空题

1. 传统的_____只能隔离冲突域，不能隔离广播域，而_____既可以隔离冲突域，又可以隔离广播域。
2. 路由器的两个基本功能是_____功能和_____功能。
3. 根据路由信息产生的方式和特点，路由协议可以分为_____、_____、动态路由和_____几种。
4. 路由决策原则有：_____、_____和_____。
5. 静态路由在路由表中的产生方式（Owner）为_____，路由优先级为_____，其 Metric 值为_____。

二、不定项选择题

1. 什么是默认路由？（　　）
   A. 该路由在数据转发时将会被首先选用。
   B. 出现在路由表中的任何一条静态路由。
   C. 当所有情况都相同的时候，用来转发数据包的那条最好的路由。
   D. 用来转发那些路由表中没有明确表示该如何转发的数据包的路由。

2. 关于命令 ip route 30.1.1.1 255.255.255.0 102.12.1.1 说法正确的是（　　）。
   A. 此命令在特权模式下就可以执行
   B. 此命令应该将 30.1.1.1 改为 30.1.1.0
   C. 此命令应该在全局配置模式下执行
   D. 此命令应该把 102.12.1.1 改为相应出口的名称

3. 在路由器里正确添加静态路由的命令是（　　）。
   A. Router（config）#ip route 192.168.5.0 255.255.255.0 serial 0
   B. Router#ip route 192.168.1.1 255.255.255.0 10.0.0.1
   C. Router（config）#route add 172.16.5.1 255.255.255.0 192.168.1.1
   D. Router（config）#route add 0.0.0.0 255.255.255.0 192.168.1.0

4. 如图 6-12 所示，这是一个简单的路由表，从这个路由表中，可以得出（　　）。

```
Router#show ip route
Codes: C - connected, S - static, R - RIP, B - BGP
       D - DEIGRP, DEX - external DEIGRP, O - OSPF, OIA - OSPF inter area
       ON1 - OSPF NSSA external type 1, ON2 - OSPF NSSA external type 2
       OE1 - OSPF external type 1, OE2 - OSPF external type 2

C    1.1.1.0/24      is directly connected, FastEthernet0/0
R    2.0.0.0/8       [120,1] via 1.1.1.1(on FastEthernet0/0)
R    3.0.0.0/8       [120,1] via 1.1.1.1(on FastEthernet0/0)
C    4.4.4.0/24      is directly connected, Loopback0
C    5.5.5.0/24      is directly connected, Loopback1
```

图 6-12 思科路由器的路由表

A. 这台路由器有 3 个端口连接了线缆并处于 UP 状态，分别是 FastEthernet0/0、Loopback0 和 Loopback1 端口

B. 这台路由器启动了 OSPF 路由协议

C. 这台路由器只启动了 RIP 路由协议

D. 这台路由器启动了静态路由协议

5. 哪种网络设备可以屏蔽过量的广播流量？（　　）

A. 交换机　　　　B. 路由器　　　　C. 集线器　　　　D. 防火墙

6. 如图 6-13 所示，网络站点 A 发送数据包给站点 B，在数据包经过路由器转发的过程中，封装在数据包 3 中的目的 IP 地址和目的 MAC 地址是（　　）。

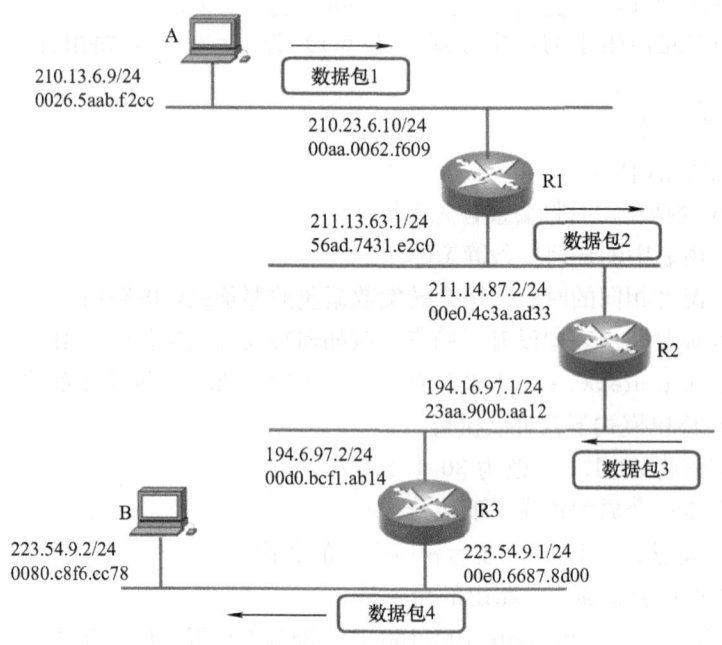

图 6-13　数据包在网络之间的转发示意图

A. 223.54.9.2 和 0080.c8f6.cc78　　　　B. 194.6.97.2 和 00d0.bcf1.ab14

C. 223.54.9.1 和 00e0.6687.8d00　　　　D. 223.54.9.2 和 00d0.bcf1.ab14

7. 路由器是一种用于网络互联的计算机设备，但作为路由器，并不具备的是（　　）。

A. 路由功能　　　　　　　　　　　　B. 多层交换

C. 支持两种以上的子网协议　　　　　D. 具有存储、转发、寻径功能

8. 哪些是路由信息中所不包含的？（　　）

A. 源地址　　　　B. 下一跳　　　　C. 目标网络　　　　D. 路由权值

9. 查看路由器上的所有保存在 flash 中的配置数据应在特权模式下输入的命令是（　　）。

A. show running-config　　　　　　B. show interface

C. show startup-config　　　　　　　D. show memory

10. 下列静态路由配置正确的是（　　）。

A. ip route 129.1.0.0 16 serial 0
B. ip route 10.0.0.2 16 129.1.0.0
C. ip route 129.1.0.0 16 10.0.0.2
D. ip route 129.1.0.0 255.255.0.0 10.0.0.2

11. 能配置路由器接口 IP 地址的提示符是（　　）。

A. Router＞ B. Router＃
C. Router（config）＃ D. Router（config - if）＃

12. 静态路由的优点不包括（　　）。

A. 管理简单　　　　　B. 自动更新路由　　C. 提高网络安全性　　D. 节省带宽

13. 第一次对路由器进行配置时，采用哪种配置方式？（　　）

A. 通过 CONSOLE 口配置 B. 通过拨号远程配置
C. 通过 Telnet 方式配置 D. 通过 FTP 方式传送配置文件

三、简答题

1. 请简述路由器 IP 通信流程。
2. 请简述静态路由和默认路由的区别。
3. 在进行 IP 数据包转发的时候，如果路由表中有多条路由都匹配，路由器这时如何进行转发？

项目 7 动态路由实现网络间互联

教学目标

知识教学目标	技能培养目标
● 了解静态路由带来的问题 ● 理解动态路由的概念 ● 理解 RIP，理解 RIPv1 和 RIPv2 ● 理解 OSPF 协议的相关概念 ● 理解 RIP、OSPF 协议的对比	● 熟练 RIP 的配置，并运用该协议解决实际问题 ● 熟练 OSPF 协议的配置，并运用该协议解决实际问题

项目引入：动态路由网络的组建

上个项目中的网络采用静态路由，对于图 7-1 所示的大规模网络，若采用静态路由，随着网络的变动，会存在以下问题：

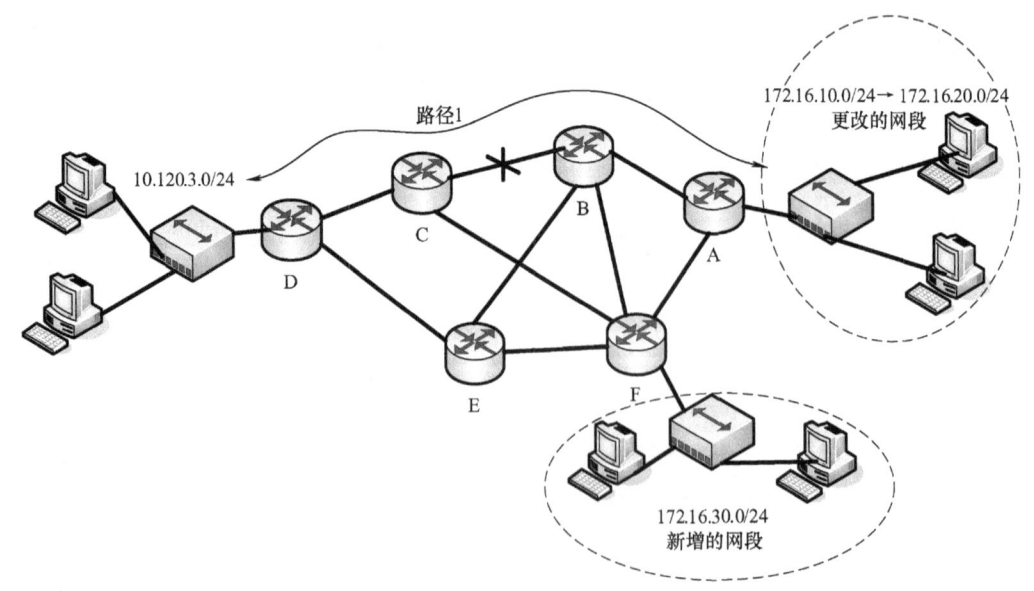

图 7-1 某大型网络的变动情况

1）若将 10.120.3.0/24 网段与 172.16.10.0/24 网段配置为沿路径 1 经 A、B、C、D 路由器通信。如果 A、B、C、D 间路由器的连接任一个异常，如图中 B、C 间断开，则这两个网段不能通信。因为静态路由不会随着连接状态的变化自动选用其他路由。

2) 若该网络需要将网段 172.16.10.0/24 更改为 172.16.20.0/24,则需要重新配置网络中的所有相关路由器,逐一删除到 172.16.10.0/24 的路由,逐一增加到 172.16.20.0/24 的路由。

3) 若增加 172.16.30.0/24 网段,则需要配置网络中的所有相关路由器,逐一增加到新增加网段的路由。

总之,在小型的、缓慢变化着的互联网络中,管理者可采用静态路由的方法,使用手动方式进行路由的建立与修改。管理者保留一张关于网络的表格,并在有新的网络加入到该自治系统或从该自治系统删除一个网络时,更新该表格。在大型的、迅速变化的环境中,如 Internet 中,人对情况变化的反应速度太慢,来不及处理问题,必须使用自动机制。动态路由机制可解决这种问题。

相关知识

7.1 动态路由协议相关知识

(1) 动态路由协议概述

动态路由协议可以自动学习和记忆网络运行情况,在需要时自动计算数据传输的最佳路径。它适应大规模和复杂的网络环境下的应用。不同的路由协议使用的 TCP/IP 底层协议是不同的,如图 7-2 所示。

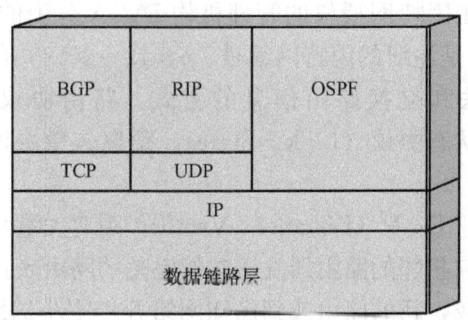

图 7-2 动态路由协议在协议栈中的位置

OSPF(Open Shortest Path First,开放式最短路径优先)协议工作在网络层,将协议报文直接封装在 IP 报文中,协议号为 89,由于 IP 本身是不可靠传输协议,所以 OSPF 协议传输的可靠性需要协议本身来保证。BGP(Border Gateway Protocol,边界网关协议)工作在应用层,使用 TCP 作为传输协议,端口号是 179。RIP(Routing Information Protocol,路由信息协议)工作在应用层,使用 UDP 作为传输协议,端口号是 520。

动态路由协议的优点是可以自动适应网络状态的变化,自动维护路由信息而不需要网络管理员的参与。其缺点是由于需要相互交换路由信息,因而占用网络带宽与系统资源;另外,安全性也不如静态路由。在有冗余拓扑的复杂大型网络环境中,适合采用动态路由协议。在动态路由协议中目的网络是否可达取决于网络状态。

（2）动态路由协议的分类

动态路由协议有几种划分方法，按照工作范围，路由协议可以分为内部网关协议（Interior Gateway Protocol，IGP）和外部网关协议（Exterior Gateway Protocol，EGP），图7-3描述了动态路由协议的分类。

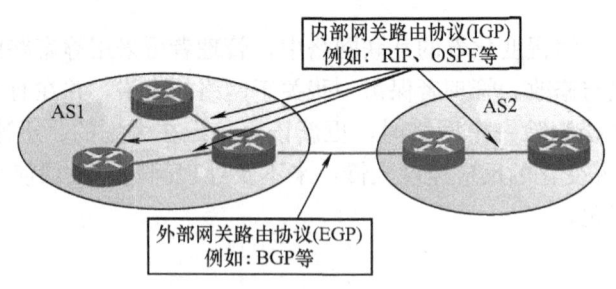

图7-3　动态路由协议的分类

IGP：在同一个自治系统内交换路由信息，RIP和OSPF协议都属于IGP。IGP的主要目的是发现和计算自治域内的路由信息。

EGP：用于连接不同的自治系统，在不同的自治系统之间交换路由信息，主要使用路由策略和路由过滤等控制路由信息在自治域间的传播，应用的一个实例是BGP。

自治系统（Autonomous System，AS）是一组共享相似的路由策略并在单一管理域中运行的路由器的集合。一个AS可以是一些运行单个IGP的路由器集合，也可以是一些运行不同路由选择协议但都属于同一个组织机构的路由器集合。每个自治系统都有一个唯一的自治系统编号，这个编号是由因特网授权的管理机构IANA分配的。自治系统的编号范围是1～65535，其中1～64511是注册的因特网编号，64512～65535是专用网络编号。

按照路由的寻径算法和交换路由信息的方式，路由协议可以分为距离矢量协议（Distant-Vector）和链路状态协议（Link-State）。距离矢量协议包括RIP和BGP，链路状态协议包括OSPF、IS-IS。

距离矢量路由协议基于D-V（Distance-Vector，距离矢量）算法，使用该算法的路由器通常以一定的时间间隔向相邻的路由器发送它们完整的路由表，邻居路由器将收到的路由表和自己的路由表进行比较，新的路由或到已知网络开销更小的路由都被加入到路由表中。相邻路由器然后再继续向外广播它自己的路由表（包括更新后的路由）。

距离矢量路由器关心的是到目的网段的距离和矢量（方向，从哪个接口转发数据）。在发送数据前，路由协议计算到目的网段的距离；在收到邻居路由器通告的路由时，将学到的网段信息和收到此网段信息的接口关联起来。距离矢量路由协议的优点：配置简单，占用较少的内存和CPU处理时间；缺点：扩展性较差，比如RIP最大跳数为16。

链路状态路由协议基于SPF（Shortest Path First，最短路径优先）算法。该算法提供比距离矢量算法更大的扩展性和快速收敛性，但耗费更多的路由器内存和处理能力。SPF算法关心网络中链路或接口的状态，每个路由器将自己已知的链路状态向该区域的其他路由器通告，这些通告称为链路状态通告（Link State Advitisement，LSA）。通过这种方式，区域内的每台路由器都建立了一个本区域的完整的链路状态数据库。然后路由器根据收集到的链路状态信息来创建它自己的网络拓扑图，形成一个到各个目的网段的带权有向图。

7.2 RIP 的工作原理与应用

7.2.1 RIP 的工作原理

RIP 是使用广泛的一种内部网关路由协议，RIP 的另一个名字是 Routed（路由守护神），来自一个实现它的程序。这个程序最初由加利福尼亚大学伯克利分校设计，用于给局域网上的机器提供一致的选路和可达信息。它依靠物理网络的广播功能来迅速交换选路信息。

RIP 是一种基于距离矢量的路由选择协议，它把参加通信的机器分为主动的和被动的。主动路由器向其他路由器通告其路由，而被动路由器接收通告并在此基础上更新其路由，但它们自己并不通告路由。只有主动路由器能以主动方式使用 RIP，而被动路由器只能使用被动方式。

以主动方式运行 RIP 的路由器每隔 30s 广播一次报文，该报文包含了路由器当前的选路数据库中的信息。每个报文由序偶构成，每个序偶由一个 IP 网络地址和一个代表到达该网络距离的整数构成。RIP 使用跳数度量（Hop Count Metric）来衡量到达目的站的距离。在RIP 度量标准中，路由器到它直接相连的网络的跳数被定义为 1，到通过另一个路由器可达的网络的距离为 2 跳，其余依此类推。因此从给定源站到目的站的一条路径的跳数（Number of Hops 或 Hop Count）为数据报沿该路径传输时所经过的路由器数。显然，使用跳数作为衡量最短路径并不一定会得到最佳结果。例如，一条经过 3 个以太网的跳数为 3 的路径，可能比经过两条低速串行线的跳数为 2 的路径要快得多。为了补偿传输技术上的差距，许多 RIP 软件在通告低速网络路由时人为地增加了跳数。

运行 RIP 的主动机器和被动机器都要监听所有的广播报文，并根据前面所说的矢量距离算法来更新其选路表。如图 7-4 中的 RIP 互联网络，路由器 R1 在网络 2 上广播的选路信息报文中包含了序偶（1，1），即它能够以费用值 1 到达网络 1。路由器 R2 收到这个广播报文之后，建立一个通过 R1 到达网络 1 的路由（费用为 2）。然后，路由器 R2 在网络 3 上广播它的 RIP 报文时就会包含序偶（1，2）。路由器 R3、R4 收到这个广播报文之后，建立一个通过 R2 到达网络 1 的路由（费用为 3）。最终，所有的路由器和主机都会建立到网络 1 的路由。

7.2.2 RIP 慢收敛问题及解决方案

（1）RIP 慢收敛问题

图 7-4 中的第一个广播路由的路由器故障（如崩溃）会有什么后果？RIP 规定所有收听者必须对通过 RIP 获得的路由设置定时器。当路由器在选路表中安置新路由时，它也为之设定了定时器。当该路由器又收到关于该路由的另一个广播报文后，定时器也要重新设置。如果经过 180s 后还没有下一次通告该路由，它就变为无效路由。

RIP 必须处理算法的 3 类错误。第一，由于算法不能明确地检测出选路的回路，RIP 要

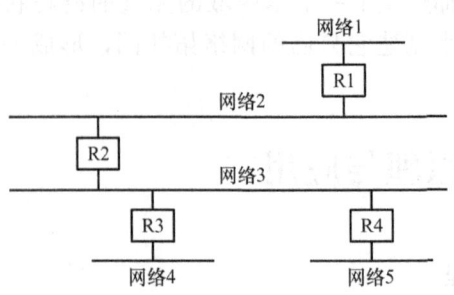

图 7-4 RIP 互联网络

么假定参与者是可信赖的，要么采取一定的预防措施。第二，RIP 必须对可能的距离使用一个较小的最大值来防止出现不稳定的现象（RIP 使用的值是 16）。因而对于那些实际跳数值在 16 左右的互联网络，管理者要么把它划分为若干部分，要么采用其他的协议。第三，选路更新报文在网络之间的传输速度很慢，RIP 所使用的矢量距离算法会产生慢收敛（Slow Convergence）或无限计数（Count To Infinity）问题从而引发不一致性。选择一个小的无限大值（16），可以限制慢收敛问题，但不能彻底解决问题。

选路表的不一致问题并非仅在 RIP 中出现。它是出现在任何矢量距离协议中的一个根本性的问题，在此协议中，更新报文仅仅包含由目的网络及到达该网络的距离构成的序偶。图 7-5 中描述了在图 7-4 中到达网络 1 的路由情况。图 7-5a 中的 3 个路由器各有到网络 1 的路由。图 7-5b 中，R1 到网络 1 的路由已经消失了，但是 R2 对它的路由通告引起了选路的环路。

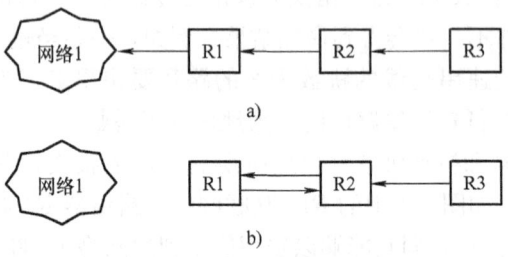

图 7-5 慢收敛问题

正如图 7-5a 所显示的那样，R1 直接与网络 1 相连，所以在它的选路表中有一条到该网络的距离为 1 的路由，并在周期性的路由广播中包括了这个路由。R2 从 R1 处得知了这个路由，并在自己的选路表中建立了相应的路由并以距离值 2 广播出去。最后 R3 从 R2 处得知该路由并以距离值 3 广播。

假设 R1 到网络 1 的连接失效了，那么 R1 立即更新它的选路表把该路由的距离置为 16（无穷大）。在下一次广播时，R1 应该通告这一信息。但是，除非协议包含了额外的机制预防此类情况，否则可能有其他的路由器在 R1 广播之前就广播了其路由。可以假设一个特殊的情况，即 R2 正好在 R1 与网络 1 连接失效后通告其路由。因此，R1 就会收到 R2 的报文，并对此使用通常的矢量距离算法：它注意到 R2 有到达网络 1 的费用更低的路由，计算出现在到达网络 1 需要 3 跳（R2 通告的到网络 1 的费用是 2 跳，再加上到 R2 的 1 跳）。然后在选路表中装入新的通过 R2 到达网络 1 的路由，图 7-5 描述了这个结果。这样的话，R1 和

R2 中的任一个收到去网络 1 的数据报之后，就会把该报文在两者之间来回传输直到寿命计时器超时溢出。这两个路由器随后广播的 RIP 不能迅速解决这个问题。在下一轮交换选路信息的过程中，R1 通告它的选路表中的各个项目。而 R2 得知 R1 到网络 1 的距离值是 3 之后，计算出该路由新长度 4。到第三轮的时候，R1 收到从 R2 传来的路由距离增加的信息，把自己的选路表中该路由的距离值增到 5。如此循环往复，直至距离值到达 RIP 的极限。

(2) 慢收敛问题的解决方案

对图 7-5 给出的例子，可以使用分割范围更新（Split Horizon Update）技术来解决慢收敛问题。在使用分割范围技术时，路由器记录下收到各路由的接口，而当这个路由器通告路由时，就不会把该路由再通过那个接口送回去。在该例中，路由器 R2 不会把它到网络 1 的距离为 2 的路由再通告给 R1，因此一旦 R1 与网络 1 的连接失效，它就不会再通告该路由。经过几轮选路更新之后，所有的机器都会知道网络 1 是不可达的。但是分割范围更新技术不能解决所有的拓扑结构中的问题。

解决慢收敛问题的另一个方法是使用信息流的概念。如果路由器通告了到某网络的短路由，所有接收路由器迅速地做出安装该路由的反应。当路由器停止通告某路由，协议在判断该路由不可达之前，要依据超时机制来工作。当超时出现时，路由器寻找替代路由并开始传播此信息。不幸的是，路由器并不知道这个替代路由是否要依赖于刚刚消失的路由。因此，通常不应迅速地传播否定的信息。

解决慢收敛问题的另一个技术使用了抑制（Hold Down）法。抑制法迫使参与协议工作的路由器，在收到关于某网络不可达的信息后的一段固定时间内，忽略任何关于该网络的路由信息。这段抑制时间的典型长度是 60s。该技术的思路是等待足够的时间以便确信所有的机器都收到坏消息，并且不会错误地接收内容过时的报文。需要指出的是，所有参与 RIP 的机器都要遵循抑制策略，否则仍然会发生选路回路现象。抑制技术的缺点是：如果出现了选路回路，那么在抑制期间内这些选路回路仍然会维持下去。更严重的是，在抑制期间所有不正确的路由也保留下来了，即使是有替代路由的存在。

解决慢收敛问题的最后一种技术就是毒性逆转（Poison Reverse）。当一条连接消失后，路由器在若干个更新周期内都会保留该路由，但是在广播路由时则规定该路由的费用为无限长。为提高毒性逆转法的效率，它应该与触发更新（Triggered Updates）技术结合。

不幸的是，虽然触发更新技术、毒性逆转技术、抑制技术和分割范围技术能够解决一些问题，但它们又带来了一些新的问题。例如，在许多路由器共享一个公共网络的结构中采用触发更新技术的情况下，一个广播就能改变这些路由器的选路表，引发一轮新的广播。如果第二轮广播改变了路由表，它又会引起更多的广播，这就产生了广播雪崩。

使用广播技术（这有可能产生选路回路）和使用抑制技术防止慢收敛问题，可使得 RIP 在广域网上的工作效率极低。广播要耗费大量宝贵的带宽，即便不出现广播雪崩现象，所有机器周期性地进行广播也意味着网络流量随着路由器数目的增加而增加，而可能出现的选路回路在线路容量有限的情况下可能就是致命的问题。当兜圈子的分组使得线路的容量饱和后，路由器要交换一些选路报文来打破这种回路，就变得很困难甚至是不可能的。同样，在广域网中，抑制期间可能太长，使得高层协议使用的定时器超时从而中断连接。尽管有这些熟知的问题，但还是有许多的组织在广域网上使用 RIP 作为 IGP。

7.2.3 RIP 配置实例

下面以 Cisco 路由器为例说明 RIP 协议的配置命令。

启动 RIP 协议的配置命令为：router rip；

关闭 RIP 协议的配置命令为：no router rip；

在指定的网络上使能的配置命令为：network *network*。其中，"*network*"为目的网络地址。

在图 7-6 所示的网络拓扑中，假设网络中的路由器和 IP 地址已经配置好。

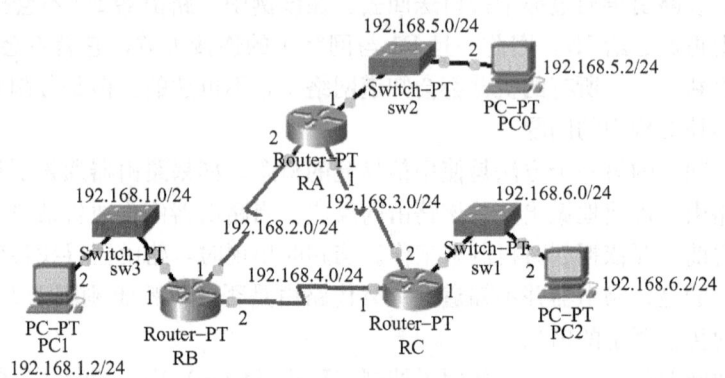

图 7-6　RIP 路由网络拓扑

以下步骤将会演示在 A、B、C 路由器上启用、取消和查看 RIP 的过程。

（1）启用 RIP

1）在路由器 A 上启用 RIP：

```
RA＞en
RA＃config t                              /启用配置模式
RA（config）＃router rip                  //启用 RIP
RA（config-router）＃network 192.168.2.0  //网段 192.168.2.0 参与 RIP
RA（config-router）＃network 192.168.3.0  //网段 192.168.3.0 参与 RIP
RA（config-router）＃network 192.168.5.0  //网段 192.168.5.0 参与 RIP
```

在"RA（config-router）＃"提示符下输入的"network"命令用于告诉路由选择协议哪个有类网络可以进行通告。由于路由器 RA 直接连接 3 个 C 类网络，分别为 192.168.2.0/24、192.168.3.0/24 和 192.168.5.0/24，因此，要"network"这 3 个网络。

注意："network"后为有类网络地址，即子网位和主机位都是 0。

例如：若某路由器直接连接 2 个 A 类地址网段，分别为 10.168.2.0/24 和 10.168.1.0/24，则第一种不规范的操作为连续输入以下两条命令：

```
RA（config-router）＃network 10.168.2.0
RA（config-router）＃network 10.168.3.0
```

第二种不规范的输入为：

RA（config-router）#network 10.168.0.0

规范的输入应为：

RA（config-router）#network 10.0.0.0   //A类地址的子网掩码默认是255.0.0.0

2）在路由器B上启用和配置RIP：

RB（config）#router rip   //启用RIP
RB（config-router）#network 192.168.1.0   //网段192.168.1.0参与RIP
RB（config-router）#network 192.168.2.0   //网段192.168.2.0参与RIP
RB（config-router）#network 192.168.4.0   //网段192.168.4.0参与RIP

3）在路由器C上启用和配置RIP：

RC（config）#router rip   //启用RIP
RC（config-router）#network 192.168.3.0   //网段192.168.3.0参与RIP
RC（config-router）#network 192.168.4.0   //网段192.168.4.0参与RIP
RC（config-router）#network 192.168.6.0   //网段192.168.6.0参与RIP

（2）查看路由协议

如在路由器RA上查看路由协议配置情况，相关命令有"show ip protocols"和"show ip route"，配置如下：

```
RA>show ip protocols                //显示配置的路由协议
Routing Protocol is "rip"
Sending updates every 30 seconds, next due in 18 seconds
Invalid after 180 seconds, hold down 180, flushed after 240
Outgoing update filter list for all interfaces is not set
Incoming update filter list for all interfaces is not set
Redistributing: rip
Default version control: send version 1, receive any version
  Interface         Send   Recv   Triggered RIP   Key-chain
  FastEthernet 0/0   1      2      1
  Serial3/0          1      2      1
  Serial2/0          1      2      1
Automatic network summarization is in effect
Maximum path: 4
Routing for Networks:
  192.168.2.0                       //RIP配置的network 3个网络
```

```
            192.168.3.0
            192.168.5.0
Passive Interface（s）：
Routing Information Sources：
    Gateway            Distance         Last Update
    192.168.2.1        120              00：00：08        //RIP 默认管理距离为 120
    192.168.3.2        120              00：00：07
Distance：(default is 120)
RA＞show ip route                       //显示路由表
Codes：C - connected，S - static，I - IGRP，R - RIP，M - mobile，B - BGP
       D - EIGRP，EX - EIGRP external，O - OSPF，IA - OSPF inter area
       N1 - OSPF NSSA external type 1，N2 - OSPF NSSA external type 2
       E1 - OSPF external type 1，E2 - OSPF external type 2，E - EGP
       i - IS - IS，L1 - IS - IS level - 1，L2 - IS - IS level - 2，ia - IS - IS inter area
       * - candidate default，U - per - user static route，o - ODR
       P - periodic downloaded static route
Gateway of last resort is not set
R    192.168.1.0/24 [120/1] via 192.168.2.1, 00：00：15, Serial2/0      //路由 1
C    192.168.2.0/24 is directly connected, Serial2/0                   //路由 2
C    192.168.3.0/24 is directly connected, Serial3/0                   //路由 3
R    192.168.4.0/24 [120/1] via 192.168.3.2, 00：00：17, Serial3/0 //路由 4
                    [120/1] via 192.168.2.1, 00：00：15, Serial2/0 //路由 5
C    192.168.5.0/24 is directly connected, FastEthernet0/0             //路由 7
R    192.168.6.0/24 [120/1] via 192.168.3.2, 00：00：17, Serial3/0 //路由 8
```

备注：路由 1 "R 192.168.1.0/24 [120/1] via 192.168.2.1, 00：00：15, Serial2/0" 的含义为到达目的网段 192.168.1.0/24 需要经过 1 个路由器，经过自身 Serial2/0 口（位于 RA 侧），下一跳转发给对方接口 IP 192.168.2.1（位于 RB 侧）。其中，"R" 表示通过 RIP 学习到的路由；"[120/1]" 表示管理距离为 120，度量值为 1。另外，"C" 表示直连的网络路由。

路由 4 和路由 5 表示到达 192.168.4.0/24 网段有两条等价路由。

(3) 取消 RIP

1) 在路由器 RB 上，取消 192.168.1.0 参与 RIP，配置如下：

```
RB#config t
RB (config) #route rip
RB (config - router) #no net 192.168.1.0
```

2) 在路由器 RA 上查看路由表，看看是否还有到 192.168.1.0/24 的路由：

```
RA#clear ip route *        //清空当前路由表,稍等一会儿重新学习正确路由表
RA#show ip route
Gateway of last resort is not set
C    192.168.2.0/24 is directly connected, Serial2/0
C    192.168.3.0/24 is directly connected, Serial3/0
R    192.168.4.0/24 [120/1] via 192.168.2.1, 00:00:00, Serial2/0
C    192.168.5.0/24 is directly connected, FastEthernet0/0
R    192.168.6.0/24 [120/2] via 192.168.2.1, 00:00:00, Serial2/0
```

可见,已没有到达 192.168.1.0/24 网段的路由。

3) 在路由器 RA 上关闭 Se3/0,模拟 RA 到 RC 的直连链路故障。观察 RIP 是否自动调整路由表,以保证网络畅通,配置如下:

```
RA(config)# interface Serial3/0
RA(config-if)# shutdown
```

4) 在 PC0 上跟踪到达 PC2 的数据包路径:

```
PC>tracert 192.168.6.2
Tracing route to 192.168.6.2 over a maximum of 30 hops:
  1   47 ms    62 ms    62 ms   192.168.5.1      //路由器 RA
  2   94 ms    72 ms    94 ms   192.168.2.1      //路由器 RB
  3   109 ms   125 ms   110 ms  192.168.4.1      //路由器 RC
  4   188 ms   187 ms   187 ms  192.168.6.2      //PC2
Trace complete.
```

在链路没有故障时,PC0 到 PC2 的最佳路径为 RA→RC→PC2。可见,在最佳路径出故障后,RIP 会自动选择另一条次佳路经(RA→RB→RC→PC2)到达目标网段。

7.2.4 RIP 版本及应用

(1) RIP 版本

RIP 分为 RIPv1 和 RIPv2 两种版本。RIPv1 被提出较早,其中有很多缺陷。RFC1388 中对 RIP 定义进行了扩充,通常称其为 RIPv2,这些扩充并不改变协议本身。RIP 两个版本的报文格式对照如图 7-7 所示。版本 2 利用版本 1 (见图 7-7a) 中的一些标注为"必须为零"的字段来传递一些额外的信息。如果 RIP 忽略这些必须为 0 的字段,RIPv1 和 RIPv2 则可以互操作。

如图 7-7b 所示,RIPv2 路由信息通告中增加了一些字段,如包含子网掩码,从而支持变长子网。RIPv1 和 RIPv2 的区别总结如下:

1) RIPv1 是有类路由协议,RIPv2 是无类路由协议。
2) RIPv1 不能支持 VLSM,RIPv2 可以支持 VLSM。

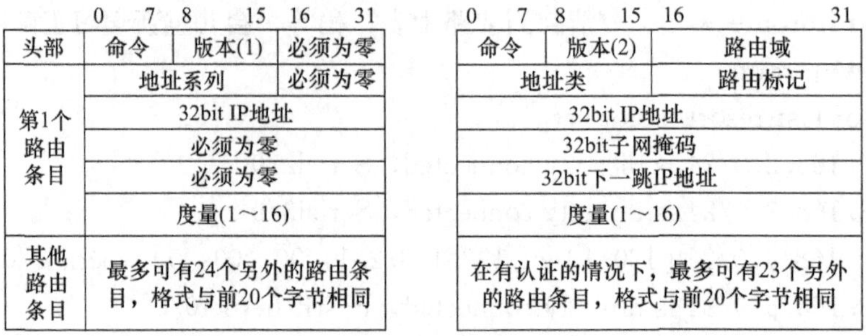

头部	0 7 8 15 16 31			0 7 8 15 16 31		
	命令	版本(1)	必须为零	命令	版本(2)	路由域
第1个路由条目	地址系列		必须为零	地址类		路由标记
	32bit IP地址			32bit IP地址		
	必须为零			32bit子网掩码		
	必须为零			32bit下一跳IP地址		
	度量(1~16)			度量(1~16)		
其他路由条目	最多可有24个另外的路由条目，格式与前20个字节相同			在有认证的情况下，最多可有23个另外的路由条目，格式与前20个字节相同		
	a) RIPv1			b) RIPv2		

图 7-7　RIPv1 和 RIPv2 报文格式对照

3）RIPv1 没有认证的功能，RIPv2 可以支持认证，并且有明文和 MD5 两种认证方式。

4）RIPv1 没有手动汇总的功能，RIPv2 可以在关闭自动汇总的前提下，进行手动汇总。

5）RIPv1 是广播更新，RIPv2 是组播更新。

6）RIPv1 对路由没有标记的功能，RIPv2 可以对路由打标记（tag），用于过滤和做策略。

7）RIPv1 发送的报文最多可以携带 25 条路由条目，RIPv2 在有认证的情况下最多只能携带 24 条路由。

8）RIPv1 发送的报文里面没有 next-hop 属性，RIPv2 有 next-hop 属性，可以用于路由更新的重定向。

(2) RIP 在等长子网中的应用

等长子网就是将一个网络等分成几个网段，每个网段的子网掩码相同。假设某一 C 类网络地址为 192.170.1.0/24，需用 5 个网段，每个网段中计算机终端数量最多 30 个。若不考虑地址浪费，可将该 C 类网络等分为 8 个子网，各个子网的子网掩码相同，都为 255.255.255.224，可将其中任意 5 个子网分配给需用的 5 个网段，如图 7-8 所示。

RIPv1 和 RIPv2 都支持等长子网划分。虽然 RIPv1 在交换路由信息时不包括子网掩码信息，但是网络中的路由器就以自己的子网掩码判断远程网络的子网掩码，所以可支持等长子网，但不支持变长子网。

(3) RIP 在变长子网中的应用

假设某一 C 类网络地址为 192.170.1.0/24，需用 5 个网段，但每个网段的终端数量区别较大，其中一个网段需要 120 个计算机终端，一个网段需要 60 个计算机终端，一个网段需要 30 个计算机终端，两个路由器之间只需要两个 IP 地址。可进行变长子网划分，各网段的地址范围和子网掩码如图 7-9 所示。

由于各网段的子网掩码不相同，不能采用 RIPv1，需要采用 RIPv2。对于图 7-9 中的 Router0，命令如下：

```
Router0（config）#route rip              //启用 RIP 路由协议，默认为版本1
Router0（config-router）# version 2      //启用 RIPv2
Router0（config-router）# net 192.170.1.0  //网段 192.170.1.0 参与 RIP
```

项目 7 动态路由实现网络间互联 | 135

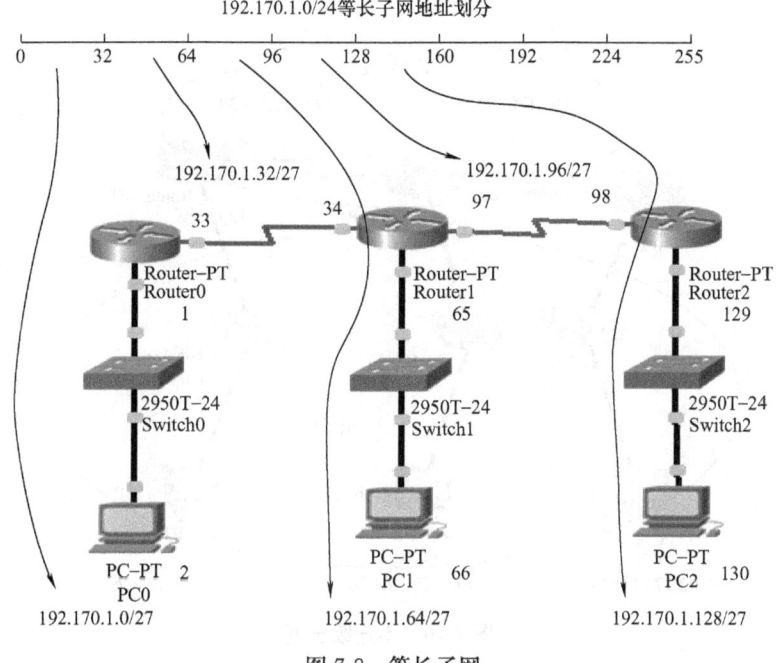

图 7-8 等长子网

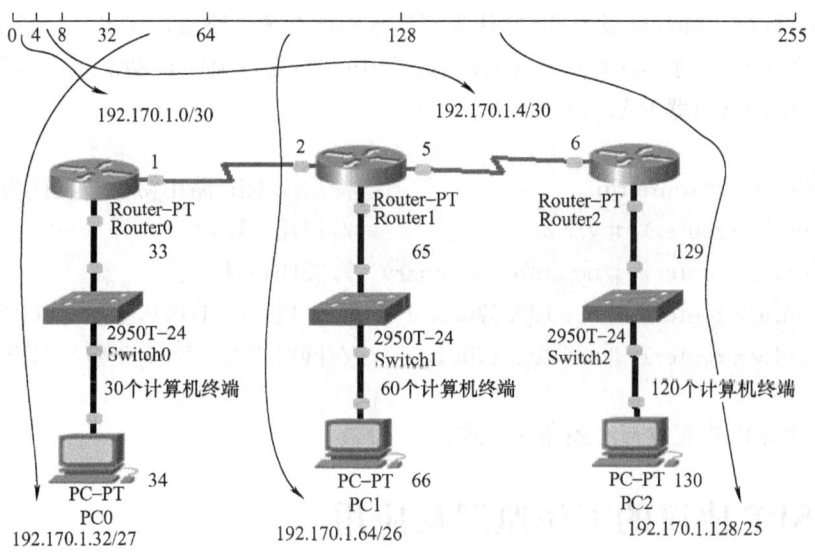

图 7-9 变长子网

其他 2 个路由器配置与上述命令一致。
(4) RIP 在不连续子网中的应用

如图 7-10 所示，A 区域是 C 类网络 192.170.0.0/24 划分的子网。B 区域是 C 类网络 192.170.1.0/24 划分的子网。这两个 C 类网段划分的子网都被另一个网络隔开，这就是所谓的不连续子网。

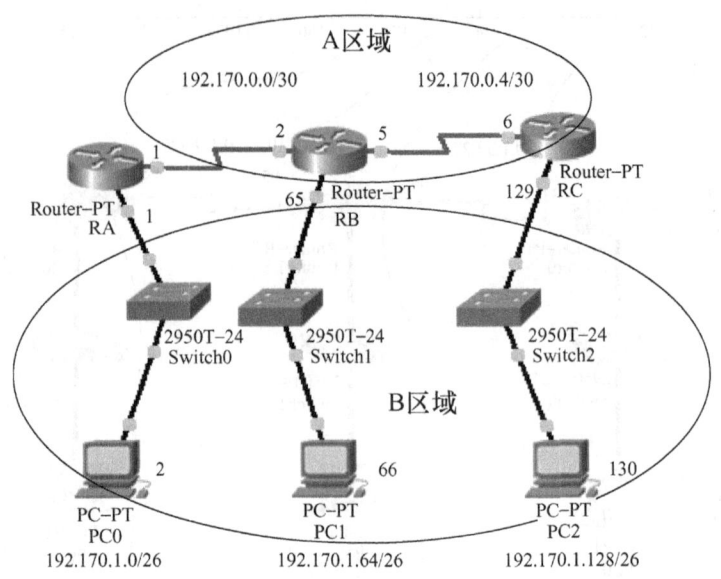

图 7-10 不连续子网

RIP 会自动在类的边界上汇总。图 7-10 中 RA 向 RB 通告路由信息，告知 RB 到 192.170.1.0/24 网段如何转发。同时，RC 也向 RB 通告路由信息，告知 RB 到 192.170.1.0/24 网段如何转发。RB 会认为到达该网段有两条路由，这显然是错误的。

要支持不连续子网，必须关闭自动汇总。RIPv1 不支持关闭自动汇总，应采用 RIPv2。对于图 7-10 中的路由器 RA，命令如下：

```
RA（config）#route rip                    //启用 RIP 路由协议，默认为版本 1
RA（config-router）#ver 2                 //启用 RIPv2
RA（config-router）#no auto-summary       //关闭自动汇总
RA（config-router）#net 192.170.0.0       //网段 192.170.0.0 参与 RIP
RA（config-router）#net 192.170.1.0       //网段 192.170.1.0 参与 RIP
```

其他 2 个路由器配置与上述命令一致。

7.3 OSPF 协议的工作原理及应用

7.3.1 OSPF 协议的相关概念及特点

（1）OSPF 协议的相关概念

开放式最短路径优先（Open Shortest Path First，OSPF）协议用于单一自治系统 AS 内的决策路由。在 IP 网络上，它通过收集和传递自治系统的链路状态来动态地发现并传播路由。当前 OSPF 协议使用的是第二版，最新的 RFC（协议编号）是 2328。为了弥补距离矢量协议的局限性和缺点从而发展出链路状态协议。OSPF 协议的相关概念如下：

- Router ID：OSPF 协议使用一个被称为 Router ID 的 32bit 无符号整数来唯一标识一台路由器。基于这个目的，每一台运行 OSPF 协议的路由器都需要一个 Router ID，一般建议手工配置 Router ID。如果没有配置 Router ID；则选择 Loopback 地址作为 Router ID；如果没有配置 Loopback 地址，那么在 OPSF 接口中选择最大的 IP 地址作为 Router ID。
- 协议号：OSPF 协议用 IP 报文直接封装协议报文，协议号是 89。
- 接口（Interface）：是指路由器与具有唯一 IP 地址和子网掩码的网络之间的连接，也称为链路（Link）。
- 指定路由器（DR）和备份指定路由器（BDR）：在一个广播型多路访问环境中的路由器必须选举一个 DR 和 BDR 来代表这个网络。
- 邻接关系（Adjacency）：邻接在广播或 NBMA 网络的 DR 和非指定路由器之间形成。
- 相邻路由器（Neighboring Routers）：共享一条公共数据链路的路由器。
- 邻居表（Neighbor Database）：包括所有建立联系的邻居路由器。
- 链路状态数据库（Link State Datebase）：包含了网络中所有路由器的链接状态。它表示着整个网络的拓扑结构，同 Area 内的所有路由器的链接状态表都是相同的。

(2) OSPF 协议的特点

OSPF 协议的特点如下：

- 适用范围：OSPF 协议支持各种规模的网络，最多可支持几百台路由器。
- 最佳路径：OSPF 协议是基于带宽来选择路径。
- 快速收敛：如果网络的拓扑结构发生变化，OSPF 协议立即发送更新报文，使这一变化在自治系统中同步。
- 无自环：由于 OSPF 协议通过收集到的链路状态用最短路径树算法计算路由，故从算法本身保证了不会生成自环路由。
- 子网掩码：由于 OSPF 协议在描述路由时携带网段的掩码信息，所以 OSPF 协议不受自然掩码的限制，可对 VLSM 和 CIDR 提供很好的支持。
- 区域划分：OSPF 协议允许自治系统的网络被划分成区域来管理，区域间传送的路由信息被进一步抽象，从而减少了占用网络的带宽。
- 等值路由：OSPF 协议支持到同一目的地址的多条等值路由。
- 路由分级：OSPF 协议使用 4 类不同的路由，按优先顺序来说分别是：区域内路由、区域间路由、第一类外部路由、第二类外部路由。
- 支持验证：它支持基于接口的报文验证，以保证路由计算的安全性。
- 组播发送：OSPF 协议在有组播发送能力的链路层上以组播地址发送协议报文，既达到了广播的作用，又最大程度地减少了对其他网络设备的干扰。

7.3.2 OSPF 网络类型及区域划分

（1）OSPF 协议支持的网络类型

OSPF 协议支持的网络类型有点到点（Point-to-point）网络、广播（Broadcast）网络、非广播的多路访问（NBMA）网络和点到多点（Point-to-multipoint）网络。

> 点到点网络：链路层协议是 PPP 或 LAPB 时，默认网络类型为点到点网络。无须选举 DR 和 BDR，当只有两个路由器的接口要形成邻接关系的时候才使用。
> 广播网络：链路层协议是 Ethernet、FDDI、Token Ring 时，默认网络类型为广播网，以组播的方式发送协议报文。
> 非广播的多路访问网络：链路层协议是帧中继、ATM、HDLC 或 X.25，默认网络类型为 NBMA，需要手动指定邻居。
> 点到多点网络：没有一种链路层协议会被默认为是 Point-to-Multipoint 类型。点到多点必然是由其他网络类型强制更改的，常见的做法是将非全连通的 NBMA 改为点到多点的网络。多播 Hello 包自动发现邻居，无须手动指定邻居。

（2）OSPF 网络的区域划分

随着网络规模日益扩大，网络中的路由器数量不断增加。当一个巨型网络中的路由器都运行 OSPF 路由协议时，就会遇到图 7-11 所示的问题。

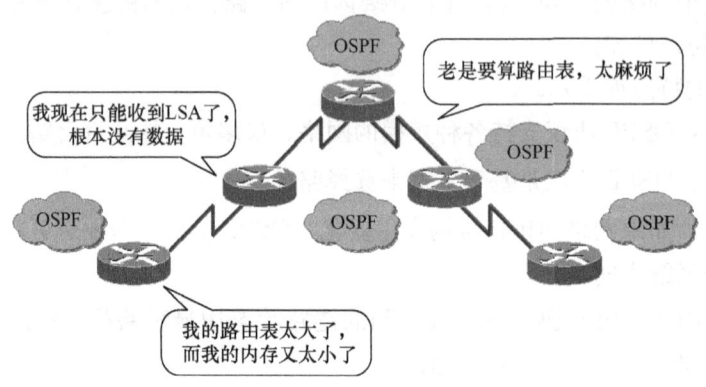

图 7-11 OSPF 协议单区域

> 每台路由器都保留着整个网络中其他所有路由器生成的链路状态公告（LSA），这些 LSA 的集合组成链路状态数据库（LSDB），路由器数量的增多会导致 LSDB 非常庞大，这会占用大量的存储空间。
> 庞大的 LSDB 会增加运行最短路径优先算法（SPF）的复杂度，导致 CPU 负担很重。
> 由于 LSDB 很大，两台路由器之间达到 LSDB 同步会需要很长时间。
> 网络规模增大之后，拓扑结构发生变化的概率也增大，网络会经常处于"动荡"之中，为了同步这种变化，网络中会有大量的 OSPF 协议报文在传递，降低了网络的带宽利用率。更糟糕的是，每一次变化都会导致网络中所有的路由器重新进行路由计算。

OSPF 网络通过将自治系统划分成不同的区域（Area）来解决上述问题。区域是在逻辑上将路由器划分为不同的组。区域的边界是路由器，并且有一个区域为骨干区域，这种路由器称作区域边界路由器（ABR），这样会有一些路由器属于不同的区域，而一个网段只能属于一个区域。OSPF 多区域的例子如图 7-12 所示，国家主干网作为 OSPF 网络的 area 0，可以将一个省作为一个 OSPF 区域，这些区域和 area 0 相连。

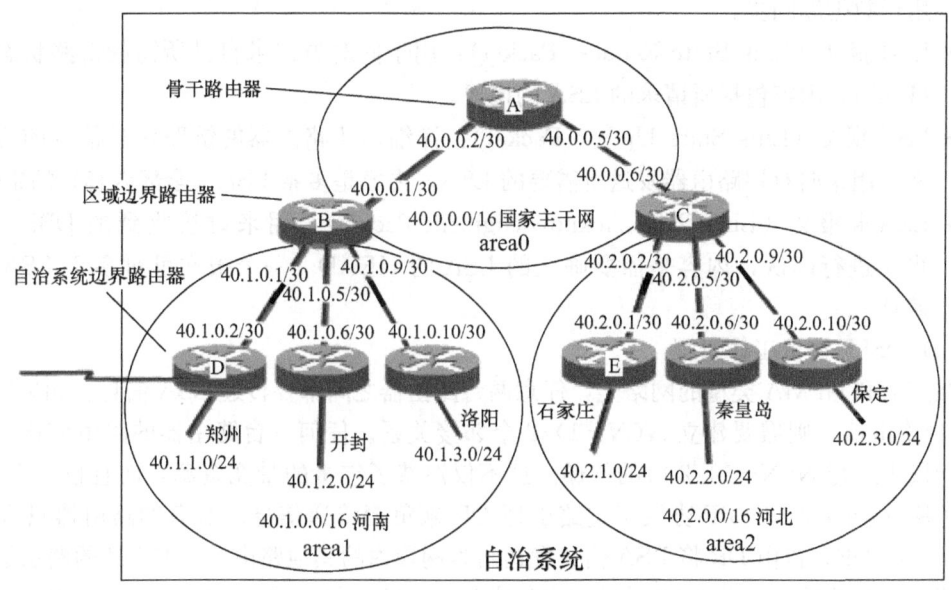

图 7-12 OSPF 多区域

如图 7-12 所示，路由器 B 可以将 area 1 的网络汇总成一条通告给 area0，路由器 C 可以将 area 2 的网络汇总成一条通告给 area 0。例如，保定网络的某个接口 up 或 down 只会引起 area 2 网络中的路由器交换链路状态，重新计算路由表，而对 area 0 和 area 1 中的网络没有任何影响。

每一个网段必须属于某一个区域，或者说每个运行 OSPF 协议的接口必须指明属于某一个特定的区域，区域用区域号（Area ID）来标识。区域号是一个从 0 开始的 32bit 的整数。OSPF 协议规定，必须要有一个区域 0，也称为骨干区域；多区域的 OSPF 协议之间如果需要互相通信，则这些区域应该与骨干区域（区域 0）相直连，若因为某些原因不能直连，则应该在区域边界路由器与区域 0 的边界路由器之间建立虚链路。位于一个 AS 内部连接所在区域到骨干区域的路由器称为区域边界路由器（ABR），如图 7-12 中的路由器 B。

7.3.3 OSPF 协议报文及工作过程

（1）OSPF 协议报文

OSPF 协议主要是通过 OSPF 报文来传递链路状态信息，完成数据库的同步。OSPF 报文共有 5 种类型，分别为 Hello 报文、DBD 报文、LSR 报文、LSU 报文、LSAck 报文。

➢ Hello 报文（Hello Packet）：是最常用的一种报文，以 2s 为周期发送给本路由器的邻居。内容包括一些定时器的数值、DR、BDR 以及自己已知的邻居。Hello 报文中包含很多信息，其中 Hello/dead intervals、Area - ID、Authentication password、Stub area flag 必须一致，相邻路由器才能建立邻居关系。
- ➢ DBD 报文（Database Description Packet）：该报文用于描述自己的 LSDB（链路状态数据库），包括 LSDB 中每一条 LSA 的摘要（摘要是指 LSA 的 HEAD，可唯一标识一条 LSA），根据 HEAD，对端路由器就可以判断出是否已经有了这条 LSA；DBD 用于数据库同步。
- ➢ LSR 报文（Link State Request Packet）：用于向对方请求自己所需的链路状态通告（LSA），内容包括所请求的 LSA 的摘要。
- ➢ LSU 报文（Link State Update Packet）：详细描述路由器的链路状态信息的协议报文，用来向对端路由器发送所需要的 LSA，内容是多条 LSA（全部内容）的集合。
- ➢ LSAck 报文（Link State Acknowledgment Packet）：用来对接收到的 DBD、LSU 报文进行确认，内容是需要确认的 LSA 的 HEAD（一个报文可对多个 LSA 进行确认）。

（2）OSPF 协议工作过程

在广播和 NBMA 类型的网络上，任意两台路由器之间都要传递 LSA 信息。如果网络中有 N 台路由器，则需要建立 $N(N-1)/2$ 个邻接关系。任何一台路由器的路由变化，都需要在网段中进行 $N(N-1)/2$ 次的传递。这不仅浪费了宝贵的带宽资源，而且也没有必要。为了解决这个问题，OSPF 协议指定路由器 DR 来负责传递信息。所有的路由器只将 LSA 信息发送给 DR，再由 DR 将 LSA 信息发送给本网段内的其他路由器。非 DR 的路由器之间不再建立邻接关系，也不再交换任何 LSA 信息。这样在同一网段内的路由器之间只需建立 N 个邻接关系，每次路由变化只需进行 $2N$ 次传递即可。

一台运行了 OSPF 协议的路由器，最终都会存储 3 张表：邻居表、拓扑表、路由表。下面以这 3 张表的产生过程为线索，来分析在这个过程中路由器发生了哪些变化，从而说明 OSPF 协议的工作过程。

1）图 7-13 所示为邻居表的建立过程。

① Router A 新加入 OSPF 区域，处于失效状态（Down State）。

② Router A 向邻居路由器 Router B 发送包含自己 Router ID 信息的 Hello 包。

③ Router B 收到 Hello 包后把 Router A 的 ID 添加到自己的邻居列表中，这个状态称为初始状态（Init State）。同时，Router B 回应 Hello 包，Hello 包中邻居字段内包含所有知道的路由器 ID，也包括 Router A 的 ID。

④ 当 Router A 收到这些 Hello 包后，它将其中所有包含自己 Router ID 的路由器都添加到自己的邻居表中，这个状态称为双向状态（Two - Way State）。这时，所有在其邻居表中包含彼此的路由器就建立起了双向通信。

⑤ 若是广播型或 NBMA 网络，Priority（优先级）大于 0 的 OSPF 路由器首先认定自己是 DR 并把优先级、ID 等信息写入 Hello 报文中，发送给网段上每台路由器。收到该 Hello 报文的路由器会根据 Priority 值最大的原则重新选举 DR，若两台路由器的 Priority 相同，则 Router ID 最大的当选 DR。BDR 选举过程与此类似。

整个过程结束后，路由器内部建立一张邻居表，路由器间会形成邻接关系，若是广播型

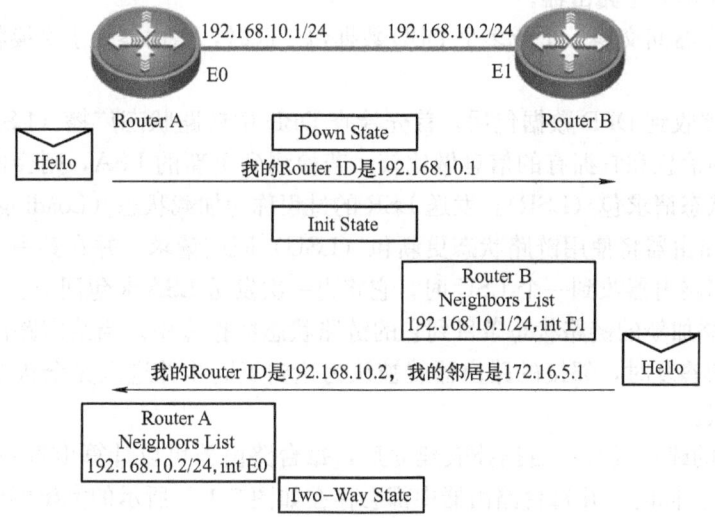

图 7-13 邻居表的建立过程

或 NBMA 网络，则需在本网段选举出 DR 和 BDR。BDR 是 DR 的一个备份，若 DR 失效后，BDR 会立即成为 DR。

2）拓扑表又称链路状态数据库，图 7-14 所示为拓扑表的建立过程。

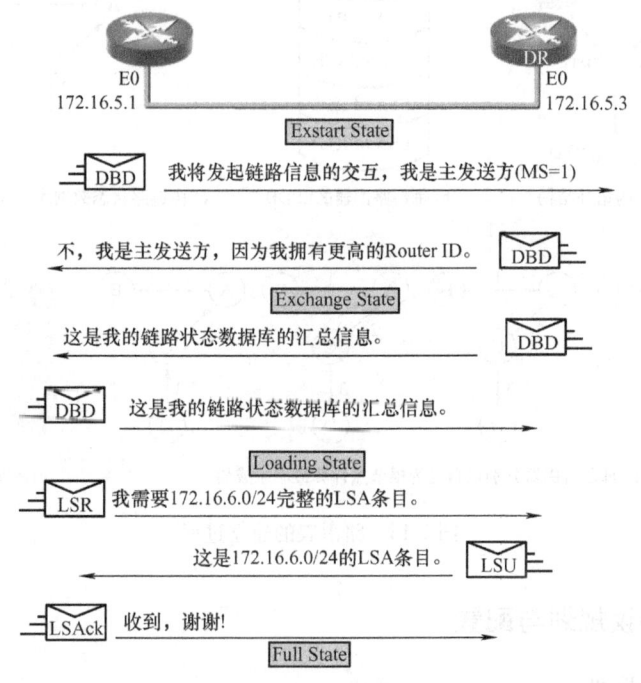

图 7-14 拓扑表的建立过程

① 一旦选举出了 DR 和 BDR，路由器就被认为进入准启动状态（Exstart State），并准备好自己的链路状态数据库（DBD）。各路由器与它邻接的 DR 和 BDR 之间建立一个主从关

系，DR 或 BDR 称为主路由器。

② 主从路由器间交换一个或多个 DBD 数据包。这时，路由器处于交换状态（Exchange State）。

③ 当路由器收到 DBD 数据包后，首先检查 DBD 中链路状态广播（LSA）的头部序列号，将它收到的信息和它拥有的信息做比较。若检测到更新的 LSA，则会向拥有信息的路由器发送链路状态请求包（LSR）。发送 LSR 的过程称为加载状态（Loading State）。

④ 另一台路由器将使用链路状态更新包（LSU）回应请求，并在其中包含所请求条目的完整信息。当路由器收到一个 LSU 时，它将再一次发送 LSAck 包回应。

⑤ 路由器添加新的链路状态条目到它的链路状态数据库中。当给定路由器的所有 LSR 都得到了满意的答复时，邻接的路由器就被认为达到了同步并进入完全状态（Full State），拓扑表建立完成。

3）路由表的建立过程：当拓扑表建立后，每台路由器可以计算出每一条链路的开销，如图 7-15a 所示。同时，在每台路由器中都会存在如图 7-15b 所示的完整的链路状态数据库（LSDB）。根据 LSDB，可以生成如图 7-15c 所示的带权有向图。接下来每台路由器以自己为根节点，使用最短路径优先（SPF）算法计算出一棵最短路径树，如图 7-15d 所示。最后，路由器根据计算出来的最短路径树，生成路由表。例如，图 7-15e 为 A 节点路由器形成的路由表。

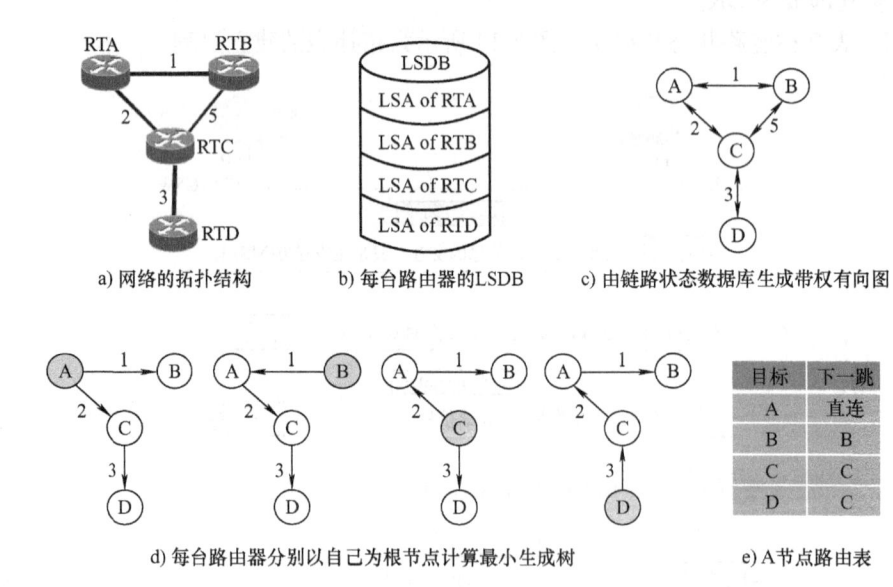

图 7-15 路由表的建立过程

7.3.4 OSPF 协议规划与配置

1. OSPF 协议规划

（1）需求分析

OSPF 协议规划的首要步骤是进行需求分析，判断一个网络是否需要运行 OSPF 协议需要考虑网络规模、网络拓扑结构、网络需求以及路由器特性等因素。

1) 网络规模因素：一个网络中如果路由器少于 5 台，可以考虑配置静态路由，而一个 10 台路由器左右规模的网络运行 RIP 即可满足需求。如果路由器更多的话则应该运行 OSPF 协议。但是如果这个网络属于不同的自治系统则还需要同时运行 BGP。

2) 网络拓扑结构因素：如果网络的拓扑结构是树状或星形结构（这种结构的特点是网络中大部分路由器只有一个向外的出口），可以考虑使用默认路由＋静态路由的方式。在星形结构的中心路由器上或树形结构的根节点路由器上配置大量的静态路由，而在其他路由器上配置默认路由即可。如果网络的拓扑结构是网状并且任意两台路由器都有互通的需求，则应该使用 OSPF 动态路由协议。

3) 网络需求因素：如果用户要求网络变化时路由具备快速收敛性，路由协议占用网络带宽低，可以使用 OSPF 协议。

4) 路由器特性因素：运行 OSPF 协议时对路由器的 CPU 处理能力及内存的大小都有一定的要求，性能很低的路由器不推荐使用 OSPF 协议。但一个 OSPF 网络是由各种路由器组成的。通常的做法是：在低端路由器上配置默认路由到与之相连的路由器（通常性能会好一些），在高端路由器上面配置静态路由指向低端路由器，并在 OSPF 网络中引入这些静态路由。

(2) 区域划分

作为一个复杂的动态路由协议，在配置之前必须做好整个自治系统之内的规划。首先要选定的是：哪些路由器需要运行 OSPF 协议。然后一件很重要的工作就是：合理为 OSPF 划分区域。

1) 按照自然的地区或行政单位来划分：例如，某银行系统在全省的范围内运行 OSPF 协议，则可以将每一个地级市划分成一个区域，这样划分的好处是便于管理。

2) 按照网络中的高端路由器来划分：一个网络中可能由高、中、低等不同性能的路由器共同组成，通常的情况是一台高端路由器下面连接许多中端或低端路由器。这时也可以将每一台高端路由器以及与其相连的所有中低端路由器共同划分成一个区域。这样划分的好处是可以合理地选择 ABR。

3) 按照 IP 地址的规律来划分：在实际的网络中通常 IP 地址被划分成不同的子网，可以根据不同的网段来规划区域，例如，网络中有 192.1.1.0/24、192.1.2.0/24、192.1.3.0/24、193.1.1.0/24、193.1.2.0/24 和 193.1.3.0/24 等不同的子网，这时可以将属于 192 网段的路由器划分成一个区域，将 193 网段的路由器划分成另一个区域。这样划分的好处是便于在 ABR 上配置路由聚合，减少网络中路由信息的数量。

2. OSPF 协议的配置

OSPF 协议启用的配置命令为：router ospf *process-id*。其中，"*process-id*" 为进程号，进程号可以为 1~65535 之间的任意值。

禁用 OSPF 协议启用的配置命令为：no router ospf *process-id*。

若实现区域号在指定的网络上使能，则配置命令为："network *ip-address wildcard-mask* area *area-id*"。其中，"*ip-address*" 为目的网络地址，"*wildcard-mask*" 为反掩码，"*area-id*" 为区域号。

OSPF 协议与 RIP 不同，后面需要指明 OSPF 区域号和反掩码，区域号和反掩码的用法说明如下：

1)区域号:用来标识不同 OSPF 区域。区域号可以是 1~4294967295 范围内的十进制数,也可以为标准的点分符号的数值。例如,area 0.0.0.0 是一个合法的区域号,也可标识为 area 0。

2)反掩码:路由器使用的反掩码(也称通配符掩码)与源或目标地址一起来分辨匹配的地址范围,它跟子网掩码刚好相反。像子网掩码告诉路由器 IP 地址的哪一位属于网络位一样,反掩码告诉路由器为了判断出匹配它需要检查 IP 地址中的多少位。在路由器访问列表中,将反掩码中的一位设成 1,表示 IP 地址中对应的位既可以是 1 又可以是 0。有时,可将其称作"无关"位,因为路由器在判断是否匹配时并不关心它们。反掩码中的一位设成 0 则表示 IP 地址中相对应的位必须精确匹配。例如,子网掩码 255.255.128.0,相应的反掩码为 0.0.127.255。

图 7-16 为典型的 OSPF 网络拓扑,RA、RB、RC 都属于 area 0。

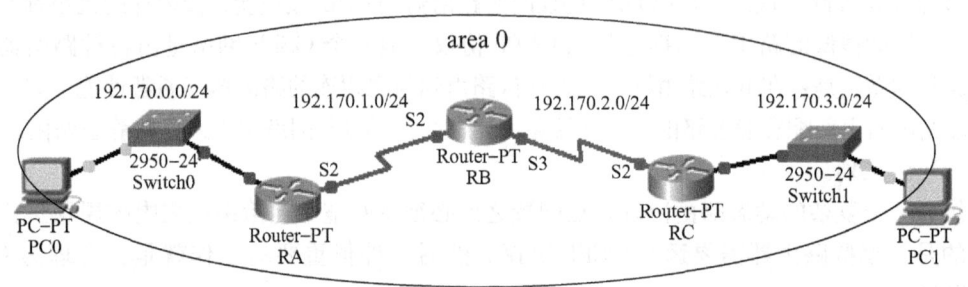

图 7-16 OSPF 网络拓扑

路由器 RB 上配置 OSPF 协议的命令如下:

RB(config)#route ospf 1   //启用 OSPF 路由协议,进程号为 1,仅在本地有效
RB(config-router)# network 192.170.1.0   0.0.0.255   area 0
//网段 192.170.1.0 参与 OSPF 协议
RB(config-router)# network 192.170.2.0   0.0.0.255   area 0
//网段 192.170.2.0 参与 OSPF 协议

在图 7-16 中,路由器 RB 的 S2 和 S3 接口都属于 area 0,可以将这两个网段(192.170.1.0/24、192.170.2.0/24)合并为一个网段(192.170.0.0/16)。

RB(config)#route ospf 1
RB(config-router)# network 192.170.0.0   0.0.255.255   area 0

这表明,只要路由器的接口 IP 地址是 192.170 开头的,都将运行 OSPF 协议,这些接口都属于 area 0。如果这两个接口属于不同的 area,则由于区域号不同,不能合并。

备注:关于 network 命令,OSPF 协议标准建议采用通配符掩码(即反掩码),但大多路由器支持自动将子网掩码转换为反掩码,因此上述命令也可写为如下形式:

RB(config)#route ospf 1
RB(config-router)# network 192.170.0.0   255.255.0.0   area 0
//采用子网掩码

7.3.5 OSPF 协议应用实例

1. 协议单区域应用实例

在图 7-17 所示的网络拓扑中,假设网络中的路由器和 IP 地址已经配置好。

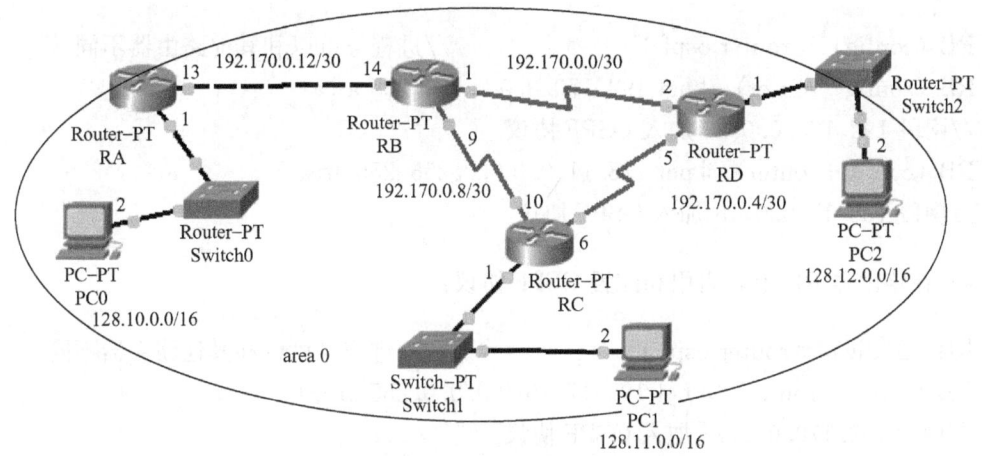

图 7-17 OSPF 单区域网络拓扑

以下步骤将会演示 OSPF 协议的配置和查看过程。

(1) 启用 OSPF 协议

1) 在路由器 RA 上,启用和配置 OSPF 协议:

```
RA (config) #router ospf 1                  //启用 OSPF 协议,进程号为 1
RA (config-router) #net 128.10.0.0 0.0.255.255 area 0
//网段 128.10.0.0/16 加入 OSPF 协议
RC (config-router) #net 192.170.0.12 0.0.0.3 area 0
//网段 192.170.0.12/30 加入 OSPF 协议
```

注意:反掩码 0.0.0.3 对应的子网掩码为 255.255.255.252。

2) 在路由器 RB 上,启用和配置 OSPF 协议:

```
RB (config) #router ospf 2                  //进程号可以和其他路由器不同
RB (config-router) #net 192.170.0.0 0.0.0.3 area 0
//网段 192.170.0.0/30 加入 OSPF 协议
RB (config-router) #net 192.170.0.8 0.0.0.3 area 0
//网段 192.170.0.8/30 加入 OSPF 协议
RB (config-router) #net 192.170.0.12 0.0.0.3 area 0
//网段 192.170.0.12/30 加入 OSPF 协议
```

注意:采用合适的反掩码,以上 3 条 network 命令可合并为 1 条 network 命令:

RB（config-router）#net 192.170.0.0 0.0.0.255 area 0
//网段192.170.0.0/24加入OSPF协议

3）在路由器RC上，启用和配置OSPF协议：

RB（config）#router ospf 1   //进程号可以和其他路由器不同
RB（config-router）#net 192.170.0.0 0.0.0.255 area 0
//网段192.170.0.0/24加入OSPF协议
RB（config-router）#net 128.11.0.0 0.0.255.255 area 0
//网段128.11.0.0/16加入OSPF协议

4）在路由器RD上，启用和配置OSPF协议：

RB（config）#router ospf 1   //进程号可以和其他路由器不同
RB（config-router）#net 192.170.0.0 0.0.0.255 area 0
//网段192.170.0.0/24加入OSPF协议
RB（config-router）#net 128.12.0.0 0.0.255.255 area 0
//网段128.12.0.0/16加入OSPF协议

（2）查看OSPF协议信息

OSPF协议运行成功后，会在路由器上形成路由表、邻居表和拓扑表。下面在路由器RB上分别检查这3张表。

1）在路由器RB上，检查路由表：

RB>show ip route
Gateway of last resort is not set
O   128.10.0.0/16 [110/2] via 192.170.0.13, 03:54:39, FastEthernet0/0
//O表示OSPF路由
O   128.11.0.0/16 [110/782] via 192.170.0.10, 00:53:06, Serial2/0
O   128.12.0.0/16 [110/782] via 192.170.0.2, 00:53:06, Serial3/0
     192.170.0.0/30 is subnetted, 4 subnets
C   192.170.0.0 is directly connected, Serial3/0   //C表示直连路由
O   192.170.0.4 [110/1562] via 192.170.0.10, 00:46:20, Serial2/0
                    [110/1562] via 192.170.0.2, 00:46:10, Serial3/0
C   192.170.0.8 is directly connected, Serial2/0
C   192.170.0.12 is directly connected, FastEthernet0/0

可见，在RB路由器上保存了到各子网的路由表。

2）在路由器RB上，检查OSPF邻居表：

```
RB>show ip ospf neighbor
Neighbor ID      Pri   State        Dead Time    Address        Interface
192.170.0.13     1     FULL/BDR     00:00:38     192.170.0.13   FastEthernet0/0
192.170.0.10     0     FULL/  -     00:00:31     192.170.0.10   Serial2/0
192.170.0.2      0     FULL/  -     00:00:31     192.170.0.2    Serial3/0
```

3)在路由器 RB 上，检查 OSPF 拓扑表（也称链路状态数据库）：

```
RB>show ip ospf database
        OSPF Router with ID (192.170.0.14) (Process ID 1)
            Router Link States (Area 0)
Link ID          ADV Router       Age      Seq#         Checksum  Link count
192.170.0.14     192.170.0.14     13       0x80000010   0x00e95e  5
192.170.0.2      192.170.0.2      1403     0x80000009   0x00feff  5
192.170.0.10     192.170.0.10     1403     0x80000009   0x00feff  5
192.170.0.13     192.170.0.13     23       0x80000008   0x00fad5  2
            Net Link States (Area 0)
Link ID          ADV Router       Age      Seq#         Checksum
192.170.0.14     192.170.0.14     400      0x80000003   0x00fccf
```

2. OSPF 协议多区域应用实例

在图 7-18 所示的网络拓扑中，假设网络中的路由器和 IP 地址已经配置好。并假设路由器 RA、RB、RC、RD 都在 Loopback 0 接口上设置了 Loopback 地址，其 Loopback 地址分别为 1.1.1.1/24、2.2.2.2/24、3.3.3.3/24、4.4.4.4/24。

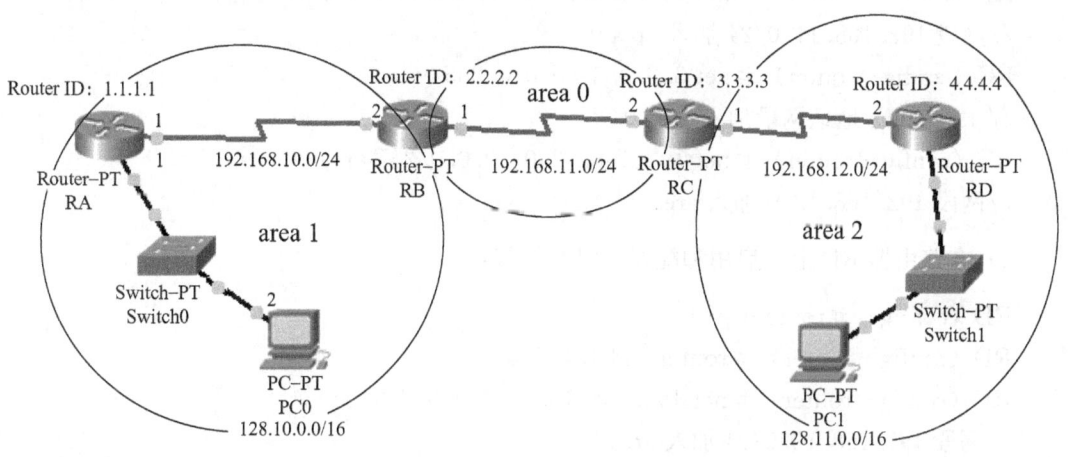

图 7-18 OSPF 多区域网络拓扑

配置步骤如下：
(1) 启用和配置 OSPF 协议
1) 在路由器 RA 上，启用和配置 OSPF 协议：

RA（config）#router ospf 1　　　　　　//启用 OSPF 协议，进程号为 1
RA（config‐router）#router‐id 1.1.1.1　//设置 Router 的 ID 号
RA（config‐router）#net 128.10.0.0 0.0.255.255 area 1
//网段 128.10.0.0/16 加入 area 1
RA（config‐router）#net 1.1.1.0 0.0.0.255 area 1
//Loopback 地址网段加入 area 1
RA（config‐router）#net 192.168.10.0 0.0.0.255 area 1
//网段 192.168.10.0/24 加入 area 1

2）在路由器 RB 上，启用和配置 OSPF 协议：

RB（config）#route ospf 1
RB（config‐router）#router‐id 2.2.2.2
RB（config‐router）#net 192.168.10.0 0.0.0.255 area 1
//网段 192.168.10.0/24 加入 area 1
RB（config‐router）#net 2.2.2.0 0.0.0.255 area 0
//Loopback 地址网段加入 area 0
RB（config‐router）#net 192.168.11.0 0.0.0.255 area 0
//网段 192.168.10.0 加入 area 0

3）在路由器 RC 上，启用和配置 OSPF 协议：

RC（config）#route ospf 1
RC（config‐router）#router‐id 3.3.3.3
RC（config‐router）#net 192.168.11.0　0.0.0.255 area 0
//网段 192.168.11.0/24 加入 area 0
RC（config‐router）#net 3.3.3.3　0.0.0.255 area 0
// Loopback 地址网段加入 area 0
RC（config‐router）#net 192.168.12.0　0.0.0.255 area 2
//网段 192.168.12.0 加入 area 2

4）在路由器 RD 上，启用和配置 OSPF 协议：

RD（config）#route ospf 1
RD（config‐router）#router‐id 4.4.4.4
RD（config‐router）#net 192.168.12.0　0.0.0.255 area 2
//网段 192.168.12.0/24 加入 area 2
RD（config‐router）#net 4.4.4.4　0.0.0.255 area 2
// Loopback 地址网段加入 area 0
RC（config‐router）#net 128.11.0.0　0.0.255.255 area 2
//网段 128.11.0.0/16 加入 area 2

(2) 查看 OSPF 协议信息

在路由器 RB 上，检查路由表：

```
RB#show ip route
Gateway of last resort is not set
     1.0.0.0/32 is subnetted, 1 subnets
O    1.1.1.1 [110/782] via 192.168.10.1, 00：02：25, Serial2/0
     2.0.0.0/24 is subnetted, 1 subnets
C    2.2.2.0 is directly connected, Loopback0
     3.0.0.0/32 is subnetted, 1 subnets
O    3.3.3.3 [110/782] via 192.168.11.2, 00：02：15, Serial3/0
     4.0.0.0/32 is subnetted, 1 subnets
O IA 4.4.4.4 [110/1563] via 192.168.11.2, 00：02：15, Serial3/0
//IA 表示自治系统内到其他区域的路由
O    128.10.0.0/16 [110/782] via 192.168.10.1, 00：02：25, Serial2/0
O IA 128.11.0.0/16 [110/1563] via 192.168.11.2, 00：02：15, Serial3/0
C    192.168.10.0/24 is directly connected, Serial2/0
C    192.168.11.0/24 is directly connected, Serial3/0
O IA 192.168.12.0/24 [110/1562] via 192.168.11.2, 00：02：15, Serial3/0
```

7.4 RIP 和 OSPF 协议的对比

RIP 属于距离矢量协议，其特点是周期性广播或多播，将自己的路由表通告给其他路由器，如图 7-19 所示。RIP 路由器每 30s 周期性通告路由信息，不管路由是否有变化。

例如，路由器 A 异常，若其他路由器在 180s 内没有收到 2 网段的路由通告，就会从路

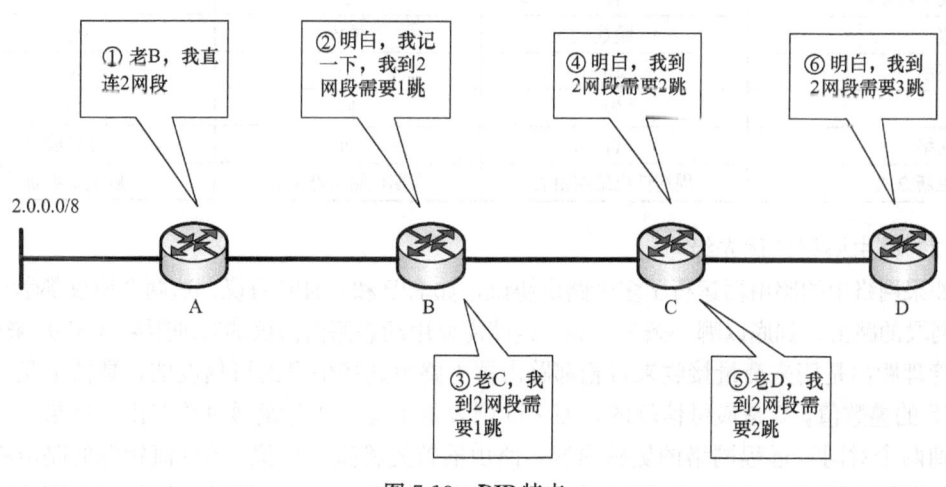

图 7-19 RIP 特点

由表删除该路由。

OSPF 协议属于链路状态协议，其特点是周期性使用 Hello 包维护邻居信息，触发式更新链路状态，使用链路状态数据库计算路由表，如图 7-20 所示。OSPF 协议每隔 10s 发送 Hello 包，监控邻居的状态，B 路由器注意到其邻居 A 路由器异常，将链路状态更新消息通告出去，各路由器运用 SPF 算法重新计算，删除到 2 网段的路由，生成新的路由表。

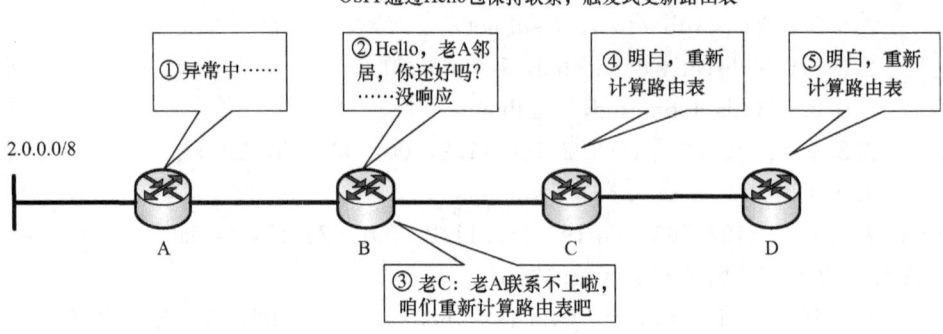

图 7-20 OSPF 协议特点

（1）RIP 和 OSPF 协议的功能对比

RIP 和 OSPF 协议的功能对比如表 7-1 所示。

表 7-1 RIP 和 OSPF 协议的功能对比

特征	RIPv1	RIPv2	OSPF
协议类型	距离矢量	距离矢量	链路状态
路由算法	Bellman - Ford	Bellman - Ford	Dijkstra
无类支持	否	是	是
VLSM 支持	否	是	是
自动汇总	是	是	否
手动汇总	否	是	是
不连续子网支持	否	是	是
度量值	跳数	跳数	带宽
跳数限制	15	15	无
汇聚	慢	慢	快
分层网络	否	否	分区域
路由更新方式	周期性更新路由表	周期性更新路由表	触发式更新

（2）路由协议的优先级

如果网络中的路由器运行了多个路由协议，如 RIP 和 OSPF 协议，这两个协议都学到了到某个网段的路由，到底以哪一条为准呢？这就需要用动态路由协议的管理距离（AD）来确定。

管理距离是用来衡量接收来自相邻路由器上路由选择信息的可信度的，数值上是一个从 0～255 的整数值，0 是最可信赖的，而 255 则表示不会有业务量通过该路由。如果一个路由器收到两个对同一远程网络的更新内容，路由器首先检查 AD 值，AD 值较低的路由将会被采纳。若两个更新内容的 AD 值相同，则路由协议的度量值（如跳数、链路的带宽值）将被用作寻找到达远程网络最佳路径的依据。如果两个被通告的路由具有相同的 AD 值和相同的度量值，则路由选择协议将会对这一远程网络使用负载均衡策略，发送的数据包会平均分发到每个链路上。表 7-2 列出了默认的管理距离（AD）值。

表 7-2 默认管理距离

路由源	默认 AD	路由源	默认 AD
连接接口	0	OSPF	110
静态路由	1	RIP	120
未知	255		

技能训练 1：RIP 动态路由配置

训练标准：
1) 掌握路由器的基本配置模式和常用配置命令。
2) 掌握 RIP 的应用配置。

训练目标：
如图 7-21 所示，对路由器进行操作，完成以下的配置。

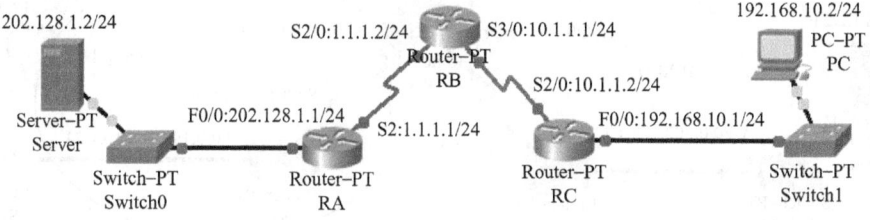

图 7-21 路由器的 RIP 拓扑图

1) 各路由器的端口 IP 设置如表 7-3 所示，PC、服务器的 IP 设置如表 7-4 所示。

表 7-3 路由器的端口 IP 设置

设备名	端口	IP 地址
RA	F0/0	202.128.1.1/24
	S2/0	1.1.1.1/24
RB	S2/0	1.1.1.2/24
	S3/0	10.1.1.1/24
RC	S2/0	10.1.1.2/24
	F0/0	192.168.10.1/24

表 7-4 PC、服务器的 IP 设置

计算机	Server	PC
IP 地址	202.128.1.2/24	192.168.10.2/24
网关	202.128.1.1	192.168.10.1

2)配置 RIP 动态路由,采用版本 2,在各路由器上关闭自动汇总。
3)实现全网互通,保证 PC 能 ping 通 Server 的 IP。
4)查看路由表。

训练步骤:
1)按照训练目标 1)~4)的要求,在 Packet tracer 仿真软件中完成本训练的仿真。
2)按照训练目标 1)~4)的要求,完成实际设备的配置。
3)将实际设备配置与 Packet tracer 仿真配置进行对比,比较其异同。

参考课时:6 学时(其中 Packet tracer 仿真配置 2 学时,实际设备配置 4 学时)。

技能训练 2:OSPF 协议动态路由配置

训练标准:
1)掌握路由器的基本配置模式和常用配置命令。
2)掌握 OSPF 协议应用配置。

训练目标:
如图 7-22 所示,对路由器进行操作,完成以下的配置。

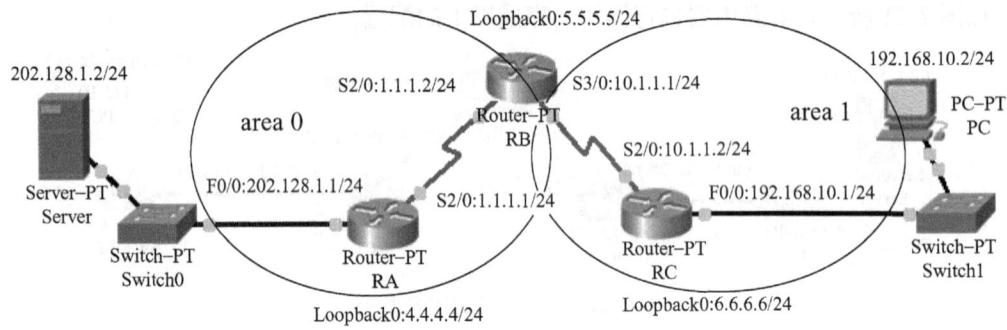

图 7-22 路由器的 OSPF 拓扑图

1)各路由器的端口 IP 设置如表 7-5 所示,PC、服务器的 IP 设置如表 7-6 所示。

表 7-5 路由器的端口 IP 设置

设备名	端口	IP 地址
RA	F0/0	202.128.1.1/24
	S2/0	1.1.1.1/24
	Loopback 0	4.4.4.4/24
RB	S2/0	1.1.1.2/24
	S3/0	10.1.1.1/24
	Loopback 0	5.5.5.5/24
RC	S2/0	10.1.1.2/24
	F0/0	192.168.10.1/24
	Loopback 0	6.6.6.6/24

表 7-6 PC、服务器的 IP 设置

计算机	Server	PC
IP 地址	202.128.1.2/24	192.168.10.2/24
网关	202.128.1.1	192.168.10.1

2）按照图 7-22 中所示的分区域 OSPF 拓扑图，配置 OSPF 动态路由。
3）实现全网互通，保证 PC 能 ping 通 Server 的 IP。
4）确保 PC 能 ping 通各路由器的环回地址。
5）查看 OSPF 协议的 3 张表（路由表、邻居表、链路状态数据库）。

训练步骤：
1）按照训练目标 1）～5）的要求，在 Packet tracer 仿真软件中完成本训练的仿真。
2）按照训练目标 1）～5）的要求，完成实际设备的配置。
3）将实际设备配置与 Packet tracer 仿真配置进行对比，比较其异同。

参考课时：6 学时（其中 Packet tracer 仿真配置 2 学时，实际设备配置 4 学时）。

理 论 训 练

一、填空题

1. OSPF 协议工作在网络层，将协议报文直接封装在_____报文中，协议号为_____，由于 IP 本身是不可靠传输协议，所以 OSPF 协议传输的可靠性需要协议本身来保证。RIP 工作在应用层，使用_____作为传输协议，端口号为_____。

2. 在同一个自治系统内交换路由信息的路由协议称为_____；用于连接不同的自治系统，在不同的自治系统之间交换路由信息的路由协议称为_____。

3. _____是一组共享相似的路由策略并在单一管理域中运行的路由器的集合，可以是一些运行单个 IGP（内部网关协议）的路由器集合，也可以是一些运行不同路由选择协议但都属于同一个组织机构的路由器集合。

4. 一个网络中如果路由器少于 5 台，可以考虑配置_____，而一个 10 台路由器左右规模的网络运行_____协议即可满足需求。如果路由器更多的话则应该运行_____协议。但是如果这个网络属于不同的自治系统则还需要同时运行_____协议。

5. 一个网络的子网掩码为 255.255.128.0，则对应的通配符掩码（即反掩码）为_____。

6. OSPF 报文共有 5 种类型，分别为_____、_____、_____、_____、LSAck 报文。

7. OSPF 协议支持的 4 种网络类型为点到点 Point－to－point、_____、_____、_____。

二、不定项选择题

1. 路由表中的路由可能有以下几种来源。（　　）
A. 接口上报的直接路由　　　　B. 手工配置的静态路由

C. 动态路由协议发现的路由

D. 以太网接口通过 ARP 获得的该网段中的主机路由

2. 在 RIP 中，默认的路由更新周期是（　　）。
　　A. 30s　　　　B. 60s　　　　C. 90s　　　　D. 100s

3. 以下协议中支持可变长子网掩码（VLSM）和路由汇聚功能的是（　　）。
　　A. IGRP　　　B. OSPF　　　C. RIPv1　　　D. RIPv2

4. 以下关于 OSPF 协议的描述中，最准确的是（　　）。
　　A. OSPF 协议根据链路状态法计算最佳路由
　　B. OSPF 协议是用于自治系统之间的外部网关协议
　　C. OSPF 协议不能根据网络通信情况动态地改变路由
　　D. OSPF 协议只能适用于小型网络

5. RIPv1 和 RIPv2 的区别是（　　）。
　　A. RIPv1 是距离矢量路由协议，而 RIPv2 是链路状态路由协议
　　B. RIPv1 不支持可变子网掩码（VLSM），而 RIPv2 支持 VLSM
　　C. RIPv1 每隔 30s 广播一次路由信息，而 RIPv2 每 60s 广播一次路由信息
　　D. RIPv1 的最大跳数为 15，而 RIPv2 的最大跳数为 30

6. 以下关于 OSPF 协议的描述中，不准确的是（　　）。
　　A. OSPF 协议是一种链路状态协议
　　B. 在一个广播型多路访问环境中的路由器必须选举一个 DR 和 BDR 来代表这个网络
　　C. OSPF 网络中用区域 1 来表示骨干网段
　　D. OSPF 路由器中可以配置多个路由器进程

7. 存在路由自环问题的路由协议是（　　）。
　　A. RIP　　　　B. BGP　　　　C. OSPF　　　　D. IS-IS

8. 两种路由协议 RIP、OSPF 和静态路由各自得到了一条到达目标网络的路由，在路由器默认情况下，最终选定（　　）路由作为最优路由。
　　A. RIP　　　　B. OSPF　　　　C. 静态路由　　　D. 以上都不对

9. 对于 RIP，可以到达目标网络的跳数最多为（　　）。
　　A. 12　　　　B. 15　　　　C. 16　　　　D. 没有限制

10. 在 OSPF 路由区域内，唯一标示 OSPF 路由器的是（　　）。
　　A. Area ID　　B. AS 号码　　C. Router ID　　D. Cost

11. OSPF 协议中详细描述路由器的链路状态信息的协议报文是（　　）。
　　A. LSR　　　　B. LSU　　　　C. Router LSA　　D. AS-External LSA

12. 对自治系统最准确的定义是（　　）。
　　A. 运行同一种 IGP 路由协议的路由器集合
　　B. 一组共享相似的路由策略并在单一管理域中运行的路由器的集合
　　C. 运行 BGP 路由协议的一些路由器的集合
　　D. 由单一管理机构管理的网络范围内所有路由器集合

13. 在 OSPF 网络中，以下关于骨干区域描述正确的是（　　）。

A. 骨干区域号的 Area ID 是 0.0.0.0
B. 所有非骨干区域必须与骨干区域相连或者通过虚链路相连
C. 所有非骨干区域之间不能直接相连
D. ABR 连接的区域中至少有一个是骨干区域

三、简答题

1. 动态路由选择协议按照算法如何分类？其代表协议是什么？
2. RIP 是基于哪一层的协议？RIPv1 版本和 RIPv2 版本有何区别？
3. OSPF 协议是基于哪一层的协议？有几张表？
4. OSPF 协议有几种报文类型？有几种网络类型？

项目 8 园区网的安全设计

教学目标

知识教学目标	技能培养目标
● 了解网络访问控制的基本概念和作用 ● 了解网络访问控制的基本原理 ● 掌握访问控制列表的分类和工作原理 ● 掌握访问控制列表使用的基本规则 ● 掌握标准访问控制列表与扩展访问控制列表的配置命令	● 能够熟练进行 ACL 的配置 ● 能够熟练运行 ACL 解决实际问题 ● 能够使用基于时间段的访问控制列表进行访问控制

项目引入：如何增强网络的安全性

一个园区网从建成那天起，就要面对很多安全隐患。每个单位和部门都会有自己的敏感数据，如财务数据、商务数据、学校的学习成绩等，这些数据一旦被随意访问，就可能会产生灾难性的后果。为了控制某些访问，增强网络的安全性，在图 8-1 所示的某企业的内部网中，服务器和部门 A、部门 B 的用户都连接到核心三层交换机上，并希望达到如下要求：

1) 部门 A 和部门 B 的用户可以随时访问 Web 服务器。
2) 只有部门 B 的用户可以访问财务系统服务器。
3) 部门 A 和部门 B 的用户在上班时间（9：00～17：00）不允许访问媒体服务器。

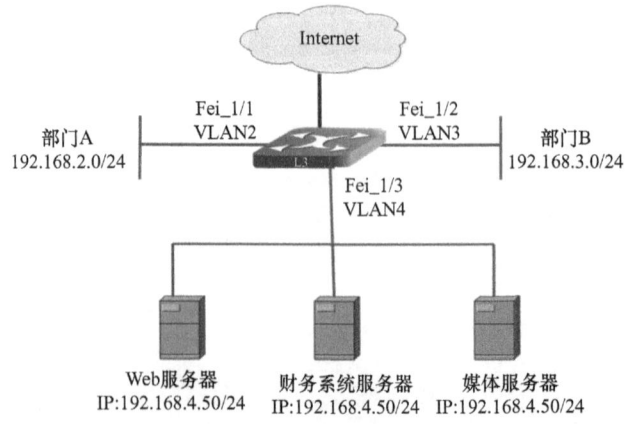

图 8-1 某企业内部网拓扑图

为了实现上述案例要求，可利用网络设备所具备的网络数据保护功能。访问控制列表（ACL）就是一种被广泛使用的网络安全技术，它根据数据包中的一些特征信息来决定是转发还是丢弃数据包。下面将介绍访问控制列表的作用、分类、配置和应用等内容。

相关知识

8.1 ACL 原理

8.1.1 ACL 的基本概念

网络设备为了过滤数据，需要设置一系列匹配规则，以识别需要过滤的对象。在识别出特定的对象之后，根据预先设定的策略允许或禁止相应的数据包通过。访问控制列表（Access Control List，ACL）可用于实现这些功能。

（1）ACL 的作用

ACL 是一种对经过网络设备的数据流进行判断、分类和过滤的方法。它通过在数据包流入或流出路由设备时进行检查、过滤，起到流量管理的作用。同时，ACL 在很大程度上起到保护网络设备、服务器的作用。作为外网进入企业内网的关卡，路由器上的访问控制列表成为保护内网安全的有效手段。

一个 ACL 中可以包含一条或多条针对特定类型数据包的规则，这些规则告诉网络设备，对于与规则中规定的选择标准相匹配的数据包是允许还是拒绝通过。

由 ACL 定义的数据包匹配规则，还可以被其他需要对流量进行区分的场合引用，如防火墙、QoS 与队列技术、策略路由、数据速率限制、路由策略、NAT 等。

（2）ACL 的分类

常用的访问控制列表有标准 ACL 和扩展 ACL 两种类型。

1）标准 ACL 只针对数据包的源地址信息作为过滤标准，而不能基于协议或应用来进行过滤，即只能根据数据包是从哪里来的来进行控制，而不能基于数据包的协议类型及应用来对其进行控制，只能粗略地限制某一类协议，如 IP。

2）扩展 ACL 可以针对数据包的源地址、目的地址、协议类型、源端口号及目的端口号（这 5 个元素称为五元组）等信息作为过滤的标准，即可以根据数据包是从哪里来、到哪里去、何种协议、什么样的应用等特征进行精确地控制。

标准 ACL 和扩展 ACL 的比较如表 8-1 所示。

表 8-1 标准 ACL 和扩展 ACL 的比较

ACL 类型 比较内容	标准 ACL	扩展 ACL
判别标准	基于源地址判别	基于五元组的组合判别
过滤的内容	运行或拒绝整个源	允许或拒绝特定服务和应用
编号取值范围	1～99	100～199

(3) 基于时间的 ACL

基于时间的 ACL 是一种特殊扩展 ACL。随着网络的发展和用户对网络应用需求的提高，用户希望能够根据时间来对网络的访问进行有效控制（比如在校园网中希望学生在晚上 11 点到次日 6 点不能访问 Internet），所以产生了基于时间的访问控制列表。基于时间的访问控制列表可以根据一天中的不同时间，或者根据一星期中的不同日期，或者二者结合起来，控制对网络数据包的转发。

这种基于时间的 ACL 是在原来的标准访问列表或扩展访问列表中加入有效的时间范围来更合理有效地控制网络。首先定义一个时间范围，然后在标准或者扩展的访问控制列表的基础上应用时间域。

合理有效地利用基于时间的访问控制列表，可以更有效、更安全、更方便地保护内部网络，使网络更安全，网络管理人员更加轻松。

(4) ACL 的判别标准

访问控制列表 ACL 的判别标准信息位于网际层和传输层的头部，这些判别信息包括目的 IP 地址、源 IP 地址、协议号、源端口号和目的端口号等。ACL 根据这 5 个元素中的一个或多个的组合进行检测判别，对于允许通过的数据包则进行转发，对于拒绝的数据包则直接丢弃，如图 8-2 所示。

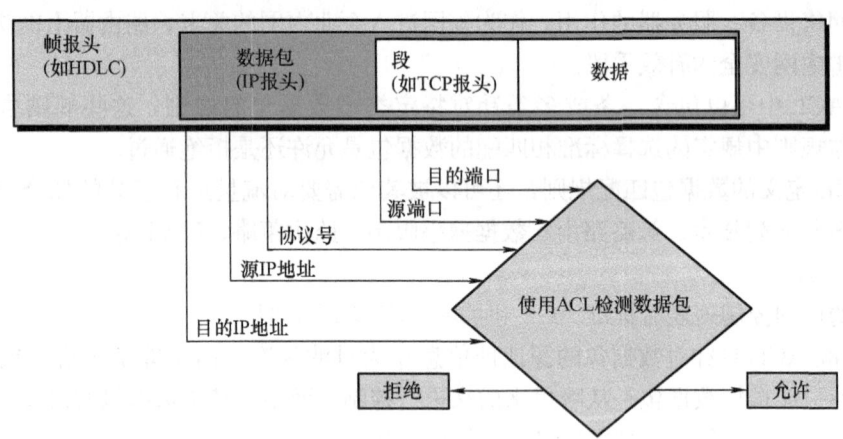

图 8-2　ACL 的判别标准

8.1.2　ACL 的工作原理

在路由设备中使用访问控制列表时，访问控制列表必须部署在路由设备的某个接口的某个方向上，因此对于路由设备来说存在入口（Inbound）和出口（Outbound）两个方向。从路由设备的某个接口进入称为入口方向，离开路由设备称为出口方向。

(1) ACL 的工作流程

下面以路由器为例说明 ACL 的基本工作过程。

当 ACL 应用在出口上时，如图 8-3 所示，工作流程如下：

首先数据包进入路由器的接口，根据目的地址查找路由表，找到转发接口（如果路由表中没有相应的路由条目，路由器会直接丢弃此数据包，并给源主机发送目的不可达消息）。

确定外出接口后需要检查是否在外出接口上配置了 ACL，如果没有配置 ACL，路由器将做与外出接口数据链路层协议相同的 2 层封装，并转发数据。如果在外出接口上配置了 ACL，则要根据 ACL 制定的原则对数据包进行判断，如果匹配了某一条 ACL 的判断语句并且这条语句的关键字是 permit，则转发数据包；如果匹配了某一条 ACL 的判断语句并且这条语句的关键字是 deny，则丢弃数据包。

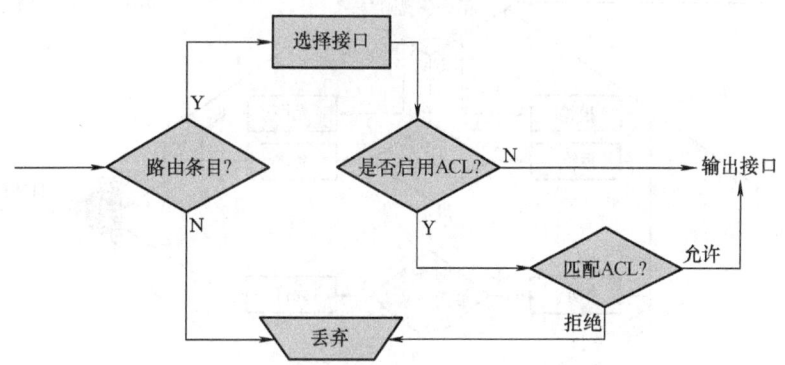

图 8-3　应用在出口上的 ACL

当 ACL 应用在入口上时，如图 8-4 所示，工作流程如下：

当路由器的接口接收到一个数据包时，首先会检查访问控制列表，如果执行控制列表中有拒绝和允许的操作，则被拒绝的数据包将会被丢弃，被允许的数据包进入路由选择状态。对进入路由选择状态的数据再根据路由器的路由表执行路由选择，如果路由表中没有到达目标网络的路由，那么相应的数据包就会被丢弃；如果路由表中存在到达目标网络的路由，则数据包被送到相应的网络接口。

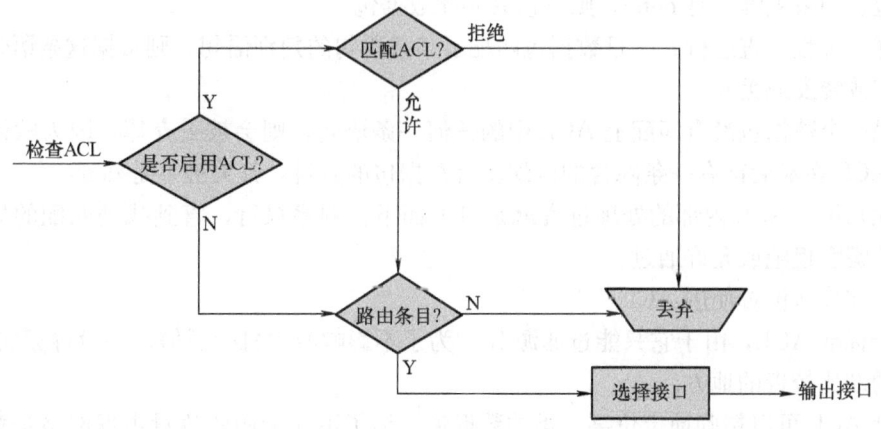

图 8-4　应用于入口的 ACL

以上是 ACL 的简单工作过程，简单说明了数据包经过路由器时，根据访问控制列表做相应的动作，数据被接收或被丢弃。在安全性很高的配置中，有时还会为每个接口配置自己的 ACL，来为数据做更详细的判断。

（2）ACL 的内部处理过程

如图 8-5 所示，每个 ACL 都是多条语句（规则）的集合，当一个数据包要通过 ACL 的检查时首先检查 ACL 中的第一条语句。如果匹配其判别条件，则依据这条语句所配置的关键字对数据包进行操作。如果关键字是 permit，则转发数据包；如果关键字是 deny，则直接丢弃此数据包。当匹配到一条语句后，就不会再往下进行匹配了，所以语句的顺序很重要。

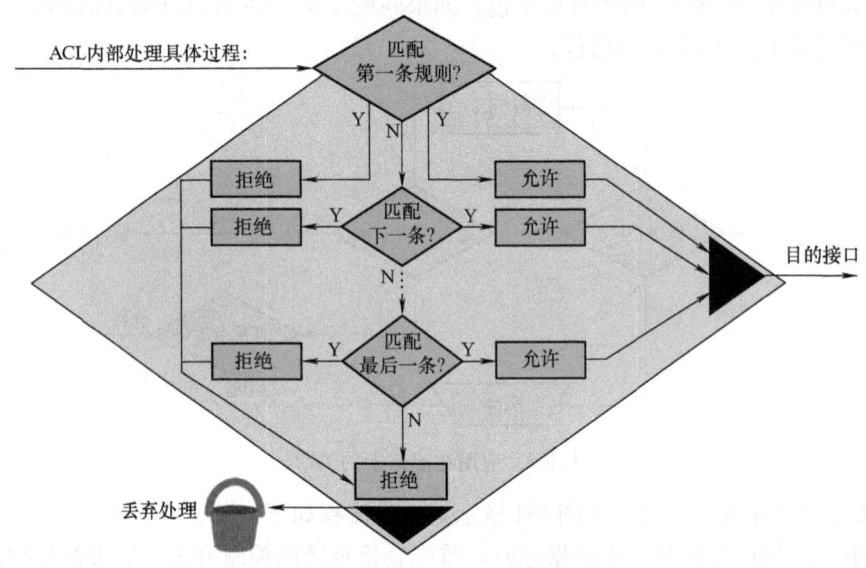

图 8-5　ACL 的内部处理过程

如果没有匹配第一条语句的判别条件，则进行下一条语句的匹配；同样，如果匹配其判别条件，则依据这条语句所配置的关键字对数据包进行操作。如果关键字是 permit，则转发数据包；如果关键字是 deny，则直接丢弃此数据包。

这样的过程一直进行，一旦数据包匹配了某条语句的判别语句，则根据这条语句所配置的关键字或转发或丢弃。

如果一个数据包没有匹配上 ACL 中的任何一条语句，则会被丢弃掉，因为默认情况下每一个 ACL 在最后都有一条隐含的匹配所有数据包的条目，其关键字是 deny。

总地来说，ACL 内部的处理过程就是自上而下，顺序执行，直到找到匹配的规则，然后根据关键字拒绝或允许通过。

(3) 在什么位置使用 ACL

对于标准 ACL，由于它只能过滤源 IP。为了不影响源主机的通信，一般将标准 ACL 放在离目的端比较近的地方。

扩展 ACL 可以精确地定位某一类的数据流。为了不让无用的流量占据网络带宽，一般将扩展 ACL 放在离源端比较近的地方。

8.2　ACL 的配置及应用

(1) ACL 的配置步骤

ACL 的配置都应该依照以下两个步骤进行：

1) 定义访问控制列表：按照要求确定使用 ACL 的类型。
2) 将访问控制列表应用到对应的接口。

（2）通配符掩码

在 ACL 的判别条件中使用一个 IP 地址与通配符来指定匹配的范围。

通配符中为"0"的位代表被检测的数据包中的地址位必须与前面的 IP 地址相应位一致才被认为满足了匹配条件。而通配符中为"1"的位代表被检测的数据包中的地址位是否与前面的 IP 地址相应位一致都被认为满足了匹配条件。

例如，某 IP 网络地址为 210.31.10.0/24，通配符掩码为 0.0.0.255。

如果要对特定主机进行匹配，则需要匹配 IP 地址中所有位，所以通配符为 0.0.0.0，代表必须匹配所有位才认为满足了匹配条件。

如果想指定匹配所有地址，可使用 IP 地址与通配符为 0.0.0.0 255.255.255.255，其中 IP 地址 0.0.0.0 代表所有网络地址，而通配符 255.255.255.255 代表不管数据包中的 IP 地址是什么都满足匹配条件。所以 0.0.0.0 255.255.255.255 意为接受所有地址并且可简写为 any。

对于特定子网网段范围的匹配，其计算方式及子网划分与子网掩码的计算类似，但"0"与"1"的含义相反。

（3）标准 ACL 配置实例

图 8-6 所示的网络环境中，路由器有 3 个接口，以太网接口 Fei_1/1 连接子网 172.16.4.0/24，Fei_1/2 连接子网 172.16.3.0/24，串行接口 Serial 0 连接其他子网。若只允许 172.16.4.0/24 和 172.16.3.0/24 互通，但拒绝主机 172.16.4.13 对 172.16.3.0 网段的访问，要求使用标准访问控制列表进行设置。

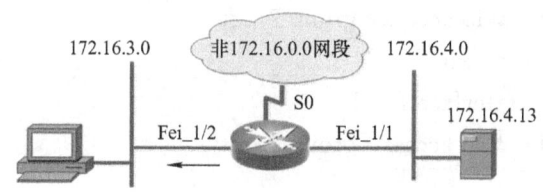

图 8-6　标准 ACL 配置实例

图 8-6 所示的网络环境中，路由器为中兴产品，配置如下：

```
ZXR10（config）#acl standard number 1
//定义标准 ACL1，实现拒绝主机 172.16.4.13 对 172.16.3.0 网段的访问需求
ZXR10（config-std-acl）#rule 1 deny 172.16.4.13 0.0.0.0
//依据题意设定的 ACL 规则
ZXR10（config-std-acl）#rule 2 access-list 1 permit any
//上一规则暗含拒绝全部（access-list 1 deny 0.0.0.0 255.255.255.255）
ZXR10（config-std-acl）#exit
ZXR10（config）#acl standard number 2
//定义标准 ACL2，实现 172.16.4.0/24 和 172.16.3.0/24 两网互通
```

```
ZXR10（config-std-acl）#rule 1 permit 172.16.0.0 0.0.255.255
ZXR10（config-std-acl）#exit
ZXR10（config）#interface fei_1/2
ZXR10cconfig-if）#ip access-group 1 out     // ACL1 应用到 fei_1/2 出口方向上
ZXR10（config-if）#ip access-group 2 out    // ACL2 应用到 fei_1/2 出口方向上
ZXR10（config-if）#exit
ZXR10（config）#interface fei_1/1
ZXR10（config-if）#ip access-group 2out     // ACL2 应用到 fei_1/1 出口方向上
ZXR10（config-if）#end
ZXR10#show acl                    //查看全部 ACL 配置情况
ZXR10#show run interface_1/1      //查看 fei_1/1 端口是否启用 ACL
ZXR10#show run interface_1/2      //查看 fei_1/2 端口是否启用 ACL
```

若图 8-6 所示的网络环境中，路由器为思科产品，则配置如下：

```
Switch（config）#access-list 1 deny 172.16.4.13 0.0.0.0
Switch（config）#access-list 1 permit any
Switch（config）# access-list 2 permit 172.16.0.0  0.0.255.255
Switch（config）#interface f 1/2
Switch（config-if）#ip access-group 1 out
Switch（config-if）#ip access-group 2 out
Switch（config-if）#exit
Switch（config）#interface f 1/1
Switch（config-if）#ip access-group 2 out
```

（4）扩展 ACL 配置实例

图 8-7 所示的网络环境要求保证服务器的安全，需要防止 172.16.3.0/24 对该服务器的攻击，但 172.16.3.0/24 还要能够使用服务器提供的 www 服务。

图 8-7 扩展 ACL 配置实例

配置步骤如下：
1）定义一个扩展访问控制列表：

项目 8 园区网的安全设计

```
ZXR10（config）#acl standard number 101
```

2) 172.16.3.0/24 可以访问服务器的 www 服务的配置：

```
ZXR10（config-std-acl）#rule 1 permit tcp 172.16.3.0 0.0.0.255 172.16.4.13
0.0.0.0 eq 80
```

其中"tcp"为 www 服务的协议类型，"172.16.3.0"为源 IP 地址，"0.0.0.255"为源地址的通配符，"172.16.4.13"为目的地址，"0.0.0.0"为目的地址的匹配符，"eq"为关键字，用于指出单一的端口号，"80"为 HTTP 使用 TCP 的 80 端口。

3) 172.16.3.0/24 不能主动向服务器网段发起 tcp 连接，可以禁止病毒攻击的配置：

```
ZXR10（config-std-acl）#rule 2 deny tcp 172.16.3.0 0.0.0.255 172.16.4.0
0.0.0.255 established
```

4) 进入接口，将定义好的 ACL 应用到路由器 fei_1/1 的出口：

```
ZXR10（config）#interface fei_1/1
ZXR10（config-if）#ip access-group 101 out
```

（5）时间段在 ACL 中的应用实例

如图 8-8 所示的网络环境中，路由器的 Fei_1/2 接口连接内部网络 192.168.1.0/24，Fei_1/1 连接 Internet。公司希望自己的员工在工作时间（周一至周五的 9：00～17：00）不能访问 Internet，通过基于时间的扩展访问控制列表实现这一功能。

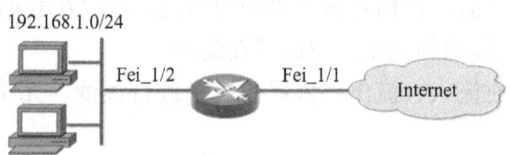

图 8-8 标准 ACL 配置实例

配置步骤如下：

1) 创建 time-range 列表：

```
ZXR10（config）#time-range enable
ZXR10（config）#time-range working-time    //"working-time"为时间段列表的名称
```

2) 设置时间段：

```
ZXR10（config-tr）#periodic weekdays 09：00：00 to 17：00：00
//"weekdays"表示工作日（周一至周五）
```

3) 定义访问控制列表：

```
ZXR10 (config) #acl standard number 101
ZXR10 (config-std-acl) #rule1 deny ip 192.168.1.0 0.0.0.255 any time-range working-time
ZXR10 (config-std-acl) #rule 2 permit ip any any
```

4) 进入接口,将定义好的 ACL 应用到路由器 fei_1/2 的出口:

```
ZXR10 (config) #interface fei_1/2
ZXR10 (config-if) #ip access-group 101 out
```

若路由器为思科产品,配置类似。

(6) 配置 ACL 需要注意的问题

在配置 IP 访问控制列表时需要特别注意以下问题:

1) IP 访问控制列表是允许或禁止语句的集合。对于每个数据包,路由器顺序检查访问控制列表中的每个规则。

2) 如果遇到 IP 数据包匹配某条语句,则跳出访问控制列表语句,并执行转发或丢弃数据包操作。

3) 如果到达了访问控制列表的底部(最后一个访问控制列表语句)仍未找到与该数据包匹配的语句,则丢弃该数据包,即所有访问控制列表的最后有一个隐含的 deny 语句。所以,应保证每个访问控制列表都必须至少包含一个 permit 语句,或在访问控制列表的底部明确地用语句对都不匹配的数据包的操作(是允许还是禁止)。

4) 访问控制列表建立后,任何对该表语句的增加都被放在表的末端,因此需注意 ACL 语句的排列顺序,建议具体的判别条目应放置在前面。

5) 访问控制列表只对流入、流出路由器的流量进行过滤,无法对路由器本身产生的流量进行过滤。

技能训练:园区网安全性设计及配置

训练标准:

1) 掌握三层交换机的基本配置模式和常用配置命令。
2) 掌握标准 ACL 应用配置。
3) 掌握扩展 ACL 应用配置。

训练目标:

如图 8-9 所示,对园区网进行拓扑连接,完成如下配置:

1) 部门 A 和部门 B 的用户可以随时访问 Web 服务器。
2) 只有部门 B 的用户可以访问财务系统服务器。
3) 部门 A 和部门 B 的用户在上班时间(9:00~17:00)不允许访问媒体服务器。

训练步骤:

1) 按照训练目标 1)~3) 的要求,在 Packet tracer 仿真软件中完成本训练的仿真。

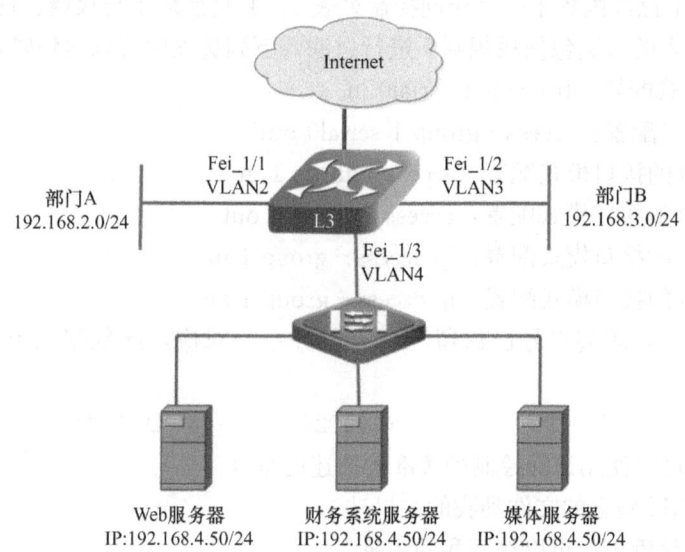

图 8-9　某企业内部局域网拓扑图

2）按照训练目标 1）～3）的要求，完成实际设备的配置。
3）将实际设备配置与 Packet tracer 仿真配置进行对比，比较其异同。
参考课时：4 学时（其中 Packet tracer 仿真配置 2 学时，实际设备配置 2 学时）。

理 论 训 练

一、填空题

1. 在访问控制列表中，需要匹配的位通配符掩码设置为_____，不需要匹配的位通配符掩码设置为_____。
2. 标准访问控制列表是依据 IP 数据包的_____来决定是否过滤数据包。
3. 访问控制列表分为_____和_____。
4. 访问控制列表隐含的过滤规则是_____。
5. 标准访问控制列表应被放置的最佳位置是_____，IP 扩展访问控制列表应被放置的最佳位置是_____。

二、不定项选择题

1. 某台路由器上配置了如下一条访问列表：access - list 4 deny 202.38.0.0 0.0.255.255　access - list 4 permit 202.38.160.1 0.0.0.255，表示的含义是（　　）。
　　A. 只禁止源地址为 202.38.0.0 网段的所有访问
　　B. 只允许目的地址为 202.38.0.0 网段的所有访问
　　C. 检查源 IP 地址，禁止 202.38.0.0 大网段的主机，但允许其中的 202.38.160.0 小网段上的主机
　　D. 检查目的 IP 地址，禁止 202.38.0.0 大网段的主机，但允许其中的 202.38.160.0 小网段的主机

2. 在路由器上已经配置了一个访问控制列表1，并且使能了防火墙。现在需要对所有通过 Serial0 接口进入的数据包使用规则1进行过滤，下列选项中可以达到要求的是（　　）。

A. 在全局模式配置：firewall 1 serial0 in
B. 在全局模式配置：access-group 1 serial0 out
C. 在 Serial0 的接口模式配置：access-group 1 in
D. 在 Serial0 的接口模式配置：access-group 1 out
E. 在 Serial0 的接口模式配置：ip access-group 1 in
F. 在 Serial0 的接口模式配置：ip access-group 1 out

3. 小于（　　）的端口号已保留与现有服务一一对应，此数字以上的端口号可自由分配。

A. 100　　　　B. 199　　　　C. 1024　　　　D. 2048

4. 以下情况可以使用访问控制列表准确描述的是（　　）。

A. 禁止有 CIH 病毒的文件到我的主机
B. 只允许系统管理员可以访问我的主机
C. 禁止所有使用 Telnet 的用户访问我的主机
D. 禁止使用 UNIX 系统的用户访问我的主机

5. 配置如下两条访问控制列表：

access-list 1 permit 10.110.10.1 0.0.255.255
access-list 2 permit 10.110.100.100 0.0.255.255
访问控制列表1和2所控制的地址范围关系是（　　）。

A. 1和2的范围相同　　　　B. 1的范围在2的范围内
C. 2的范围在1的范围内　　D. 1和2的范围没有包含关系

6. 如下访问控制列表的含义是（　　）。

access-list 100 deny icmp 10.1.10.10 0.0.255.255 any host-unreachable

A. 规则序列号是100，禁止到10.1.10.10主机的所有主机不可达报文
B. 规则序列号是100，禁止到10.1.0.0/16网段的所有主机不可达报文
C. 规则序列号是100，禁止从10.1.0.0/16网段来的所有主机不可达报文
D. 规则序列号是100，禁止从10.1.10.10主机来的所有主机不可达报文

7. 如下访问控制列表的含义是（　　）。

access-list 102 deny udp 129.9.8.10 0.0.0.255 202.38.160.10 0.0.0.255 eq 128

A. 规则序列号是102，禁止从202.38.160.0/24网段的主机到129.9.8.0/24网段的主机使用端口大于128的UDP进行连接
B. 规则序列号是102，禁止从202.38.160.0/24网段的主机到129.9.8.0/24网段的主机使用端口小于128的UDP进行连接
C. 规则序列号是102，禁止从129.9.8.0/24网段的主机到202.38.160.0/24网段的主机使用端口小于128的UDP进行连接
D. 规则序列号是102，禁止从129.9.8.0/24网段的主机到202.38.160.0/24网段的主机使用端口大于128的UDP进行连接

8. 如果在一个接口上使用了 access group 命令，但没有创建相应的 access list，则下面描述正确的是（   ）。

   A. 发生错误

   B. 拒绝所有的数据包 in

   C. 拒绝所有的数据包 out

   D. 拒绝所有的数据包 in、out

   E. 允许所有的数据包 in、out

9. 在访问控制列表中地址和掩码为 168.18.64.0 0.0.3.255 表示的 IP 地址范围是（   ）。

   A. 168.18.67.0～168.18.70.255   B. 168.18.64.0～168.18.67.255

   C. 168.18.63.0～168.18.64.255   D. 168.18.64.255～168.18.67.255

10. 标准访问控制列表的数字标识范围是（   ）。

    A. 1～50   B. 1～99   C. 1～100   D. 1～199

11. 标准访问控制列表以（   ）作为判别条件。

    A. 数据包的大小   B. 数据包的源地址

    C. 数据包的端口号   D. 数据包的目的地址

12. 配置访问控制列表必须做的配置是（   ）。

    A. 设定时间段   B. 指定日志主机

    C. 定义访问控制列表   D. 在接口上应用访问控制列表

13. 访问控制列表 access-list 100 deny ip 10.1.10.10 0.0.255.255 any eq 80 的含义是（   ）。

    A. 规则序列号是 100，禁止到 10.1.10.10 主机的 telnet 访问

    B. 规则序列号是 100，禁止到 10.1.0.0/16 网段的 www 访问

    C. 规则序列号是 100，禁止从 10.1.0.0/16 网段来的 www 访问

    D. 规则序列号是 100，禁止从 10.1.10.10 主机来的 rlogin（远程登录）访问

14. 对于这样一条访问列表配置：Router（config）# access-list 1 permit 153.19.0.128 0.0.0.127，下列说法正确的是（   ）。

    A. 允许源地址小于 153.19.0.128 的数据包通过

    B. 允许目的地址小于 153.19.0.128 的数据包通过

    C. 允许源地址大于 153.19.0.128 且小于 153.19.0.255 的数据包通过

    D. 允许目的地址大于 153.19.0.128 的数据包通过

    E. 配置命令是非法的

15. IP 扩展访问列表的数字标示范围是（   ）。

    A. 0～99   B. 1～99   C. 100～199   D. 101～200

16. 访问控制列表 access-list 100 permit ip 129.38.1.1 0.0.255.255 202.38.5.2 0 的含义是（   ）。

    A. 允许主机 129.38.1.1 访问主机 202.38.5.2

    B. 允许 129.38.0.0 的网络访问 202.38.0.0 的网络

    C. 允许主机 202.38.5.2 访问网络 129.38.0.0

D. 允许 129.38.0.0 的网络访问主机 202.38.5.2

17. 下面（　　）可以使访问控制列表真正生效。

A. 将访问控制列表应用到接口上

B. 定义扩展访问控制列表

C. 定义多条访问控制列表的组合

D. 用 access-list 命令配置访问控制列表

18. 下面关于访问控制列表的配置命令，正确的是（　　）。

A. access-list 100 deny 1.1.1.1

B. access-list 1 permit any

C. access-list 1 permit 1.1.1.1 0 2.2.2.2 0.0.0.255

D. access-list 99 deny tcp any 2.2.2.2 0.0.0.255

19. 访问控制列表适用于（　　）。

A. IP 网络　　　　　　　　　　B. 仅 IPX 网络

C. 所有网络，如 IP、IPX　　　　D. 以上答案都不对

20. 下面哪些是 ACL 可以做到的？（　　）

A. 允许 125.36.0.0/16 网段的主机使用 FTP 访问主机 129.1.1.1

B. 不让任何主机使用 Telnet 登录

C. 拒绝一切数据包通过

D. 以上说法都不正确

21. 下面能够表示"禁止从 129.9.0.0 网段中的主机建立与 202.38.16.0 网段内的主机的 www 端口的连接"的访问控制列表是（　　）。

A. access-list 101 deny tcp 129.9.0.0 0.0.255.255 202.38.16.0 0.0.0.255 eq www

B. access-list 100 deny tcp 129.9.0.0 0.0.255.255 202.38.16.0 0.0.0.255 eq 80

C. access-list 100 deny ucp 129.9.0.0 0.0.255.255 202.38.16.0 0.0.0.255 eq www

D. access-list 99 deny ucp 129.9.0.0 0.0.255.255 202.38.16.0 0.0.0.255 eq 80

22. 使用访问控制列表可带来的好处是（　　）。

A. 保证合法主机进行访问，拒绝某些不希望的访问

B. 通过配置访问控制列表，可限制网络流量，进行通信流量过滤

C. 实现企业私有网的用户都可访问 Internet

D. 管理员可根据网络时间情况实现有差别的服务

23. 访问控制列表可实现下列哪些要求？（　　）

A. 允许 202.38.0.0/16 网段的主机可以使用协议 HTTP 访问 129.10.10.1

B. 不让任何机器使用 Telnet 登录

C. 使某个用户能从外部远程登录

D. 让某公司的每台机器都可经由 SMTP 发送邮件

E. 允许在晚上 8:00 到晚上 12:00 访问网络

F. 有选择地只发送某些邮件而不发送另一些文件

24. IP 标准访问控制列表是基于下列哪一项来允许和拒绝数据包的？（　　）

A. TCP 端口号　　　　　　　　B. UDP 端口号
C. ICMP 报文　　　　　　　　D. 源 IP 地址

25. 通配符掩码和子网掩码之间的关系是（　　）。
A. 两者没有什么区别
B. 通配符掩码和子网掩码恰好相反
C. 一个是十进制的，另一个是十六进制的
D. 两者都是自动生成的

26. 下列哪一个通配符掩码与子网 172.16.64.0/27 的所有主机匹配？（　　）
A. 255.255.255.0　　　　　　B. 255.255.224.0
C. 0.0.0.255　　　　　　　　D. 0.0.31.255

27. 在配置访问控制列表的规则时，关键字"any"代表的通配符掩码是什么？（　　）
A. 0.0.0.0　　　　　　　　　B. 所使用的子网掩码的反码
C. 255.255.255.255　　　　　D. 无此命令关键字

28. IP 标准访问控制列表应被放置的最佳位置是（　　）。
A. 越靠近数据包的源越好
B. 越靠近数据包的目的地越好
C. 无论放在什么位置都行
D. 入接口方向的任何位置

三、简答题

1. 在 IP 访问列表中，如果到最后也没有找到匹配，则传输数据包将如何处理？
2. 你该如何安排访问列表中的条目顺序？
3. 当数据包经过一个未定义访问列表的接口时会如何？

参 考 文 献

[1]　王新凤.中小企业网络设备配置与管理[M].北京：清华大学出版社，2010.
[2]　许圳彬，等.IP网络技术[M].北京：人民邮电出版社，2012.